OpenBuildings Designer CONNECT Edition 应用教程

黑龙江省建设科创投资集团　主　编

人民交通出版社股份有限公司

北京

内 容 提 要

本书是 OpenBuildings Designer CONNECT Edition 初学者的操作指南,主要内容包括 OpenBuildings Designer 软件基础知识、建筑模块、结构设计模块、设备模块以及自定义构件模块的使用方法,借助此书,读者可以更好地了解 OpenBuildings Designer,更加清楚建筑设计各专业间的协同关系及项目信息流转的方式,更高效地进行工程设计工作。

图书在版编目(CIP)数据

OpenBuildings Designer CONNECT Edition 应用教程/黑龙江省建设科创投资集团主编. —北京:人民交通出版社股份有限公司, 2020.6
ISBN 978-7-114-16451-4

Ⅰ.①O… Ⅱ.①黑… Ⅲ.①建筑设计—计算机辅助设计—应用软件—教材 Ⅳ.①TU201.4

中国版本图书馆 CIP 数据核字(2020)第 051258 号

OpenBuildings Designer CONNECT Edition Yingyong Jiaocheng

书　　名:	OpenBuildings Designer CONNECT Edition 应用教程
著 作 者:	黑龙江省建设科创投资集团
责任编辑:	朱明周
责任校对:	孙国靖　龙　雪
责任印制:	刘高彤
出版发行:	人民交通出版社股份有限公司
地　　址:	(100011)北京市朝阳区安定门外外馆斜街 3 号
网　　址:	http://www.ccpress.com.cn
销售电话:	(010)59757973
总 经 销:	人民交通出版社股份有限公司发行部
经　　销:	各地新华书店
印　　刷:	北京地大彩印有限公司
开　　本:	787×1092　1/16
印　　张:	8.25
字　　数:	198 千
版　　次:	2020 年 6 月　第 1 版
印　　次:	2020 年 6 月　第 1 次印刷
书　　号:	ISBN 978-7-114-16451-4
定　　价:	38.00 元

(有印刷、装订质量问题的图书由本公司负责调换)

《OpenBuildings Designer CONNECT Edition 应用教程》编写组

主　　编：亓彦涛　武士军　梁旭源

副 主 编：王恩海　吕筱珩　刘景军
　　　　　叶光伟　姜忠军

主　　审：马松林　武　恒

编写成员：（按姓名笔画排列）

　　　　　王奇伟　王腾先　王福忠
　　　　　叶　阳　刘　涛　刘　寒
　　　　　孙立明　李增华　张佳宁
　　　　　陈　箭　贺　丹　曹静华
　　　　　董志平　魏翰超　阚　蓉

前　　言

目前工程领域越来越多地采用先进的计算机技术对工程项目全生命周期进行三维可视化、信息化的规划、设计、建造和运维。同时，工程项目各参与方希望能够利用优秀的平台或系统对多专业进行统一而高效的协同工作。

BIM 技术的出现，帮助工程建设者通过三维可视化手段对建筑物或构筑物的几何空间信息与属性信息进行表达，为建设管理者在工程项目质量、进度、安全、成本等方面的管理提供准确而高效的可视化信息。

我们编写的《基础设施建设行业 BIM 系列丛书》和《基础设施行业职业教育 1+X 系列丛书》，将面向众多工程专业技术人士，帮助用户在实际项目中提前进行项目土地规划、实现资源利用最大化，基于协同的设计平台，帮助工程技术人员实现快速迭代设计，提高设计成果格式统一性，进而能够在项目施工阶段完全实现建筑信息模型技术的应用，最终实现数字化运维，为项目运维方带来直接的经济效益。

为了帮助初学者快速入门，我们计划编写《基础设施建设行业 BIM 系列丛书》，包括《OpenRoads Designer CONNECT Edition 应用教程》《OpenBuildings Designer CONNECT Edition 应用教程》《OpenBridge Modeler CONNECT Edition 应用教程》《OpenPlant Modeler CONNECT Edition 应用教程》《Prostructures CONNECT Edition 应用教程》《ProjectWise CONNECT Edition 应用教程》等，本书即是该丛书中的一本。

本书是 OpenBuildings Designer CONNECT Edition 初学者的操作指南，主要内容包括 OpenBuildings Designer 软件基础知识以及建筑模块、结构设计模块、设备模块和自定义构件模块的使用方法。借助本书，读者可以更好地了解 OpenBuildings Designer，更清楚建筑设计各专业间的协同关系及项目信息流转的方式，更高效地进行工程设计工作。

本书的编写离不开黑龙江省建设科创投资有限公司领导的支持和同事的帮助。对 Bentley 公司工程师和哈尔滨工业大学教授的审核，在此一并表示感谢。

编　者
2020 年 2 月 13 日

目 录

第1章 OpenBuildings Designer 概述 ... 1
1.1 OpenBuildings Designer 简介 ... 1
1.2 启动 OpenBuildings Designer ... 2
1.3 文件组织、功能区与基本设置 ... 2
1.4 资源管理器 ... 12
1.5 在三维设计环境下工作 ... 12

第2章 建筑模块 ... 25
2.1 功能概述 ... 25
2.2 【楼层选择器】与【楼层管理器】 ... 25
2.3 轴网系统管理器 ... 28
2.4 空间 ... 30
2.5 墙 ... 33
2.6 幕墙 ... 38
2.7 门和窗 ... 39
2.8 板 ... 41
2.9 天花板工具 ... 43
2.10 屋顶 ... 46
2.11 装饰条 ... 48
2.12 构件 ... 49
2.13 橱柜 ... 53
2.14 连续橱柜 ... 54
2.15 楼梯与栏杆 ... 55

第3章 结构设计模块 ... 59
3.1 柱网 ... 59
3.2 钢构件 ... 60
3.3 混凝土构件 ... 70
3.4 修改柱和梁 ... 71

第4章 设备模块 ... 74
4.1 风管系统 ... 74
4.2 管道系统 ... 84
4.3 修改现有元素 ... 86

第5章 图纸管理 ... 89
5.1 创建楼层平面图 ... 89

5.2 楼层平面图(按楼层集) 92
5.3 创建建筑截面 92
5.4 类别/样式编辑 95
5.5 在建筑动态视图中使用图纸规则 98

第6章 信息管理 106
6.1 三维信息模型的定义 106
6.2 超级建模 109
6.3 数据报表 110

第7章 自定义构件库流程 112
7.1 自定义构件库内容分类 112
7.2 设置项目 Part 样式 112
7.3 创建自定义构件 113
7.4 创建自定义对象类型、对象型号和 xsd 属性文件 113
7.5 调用自定义构件 119

第8章 案例分享 120
8.1 项目介绍 120
8.2 项目目标 120
8.3 项目实施 120
8.4 项目总结 121

第 1 章　OpenBuildings Designer 概述

1.1　OpenBuildings Designer 简介

OpenBuildings Designer 是共享型多领域建筑信息建模（BIM）解决方案，它附带了建筑设计、结构设计、设备设计及电气设计领域的集成数据集和工具集。它是一款专为建筑师、结构工程师、设备工程师、电气工程师及其他专业人士开发的应用程序，用于设计、分析和构建类型各异、尺寸不一的建筑物。它以功能区形式呈现统一的界面，实现了不同建筑领域之间的无缝互操作，并促进整个建筑项目全生命周期的协作。

OpenBuildings Designer 关注的焦点在于使工程师能够应对基本的项目需求，诸如：
①项目初期进行的大规模建模和空间规划。
②包括结构、墙、门、窗、橱柜、HVAC 系统（即空气调节系统，是控制温度、湿度、空气清洁度以及空气循环的系统）与组件以及电气系统与组件的放置在内的建筑设计模型制作。
③整个项目生命周期的项目文档（如绘图、一览表和报告）生成。
④分析功能可确保建筑结构合理且节约能源，并符合设计人员所制定的建筑设计要求。
⑤能耗分析和碰撞检测等模拟功能可在设计过程早期识别出建筑模型中的设计缺陷。

在集成项目模型中，智能三维模型是所有信息和数据（输入和输出）的单一来源，而与领域无关。因此，集成项目模型通常包括建筑、结构、设备和电气模型数据。集成项目模型几乎可以包含所有领域的数据。

将一个元素放在模型中时，它将显示为一个三维元素，并可用于提取二维信息。这些提取出来的信息可以采用平面、高程、剖面、报告、数据报表和其他文档形式进行呈现，它们将贯穿整个设计过程，并不断发生演变。所有设计修订均在模型中进行，二维数据将自动更新。

在项目初期需要适当地考虑模型文件的组织。通常，三维主模型由几个 DGN 模型组成，这些模型对于各种领域和设计方面的开发都是必需的。这些模型一般包括建筑模型（通常多于一个）、结构模型、场地（土木）模型、工厂模型、设备模型以及与其他领域特定方面相关的模型。以下是一些关键的项目建模注意事项：
①为主要设计领域、建筑组件和特定领域建立主模型。
②将主模型划分为多个可由不同项目团队/小组同时完成的小模型，然后在主模型中参考小模型。
③所有模型的创建均源于数据的支撑，模型的细节将展现在施工文档中。

数据组管理系统用于管理建模、绘图、计划等应用程序以及用户自定义的建筑对象和实例数据。此系统的优点之一是用户能够添加自定义信息并将其应用到二维/三维文件中几乎所有的对象。数据组管理系统管理这些数据，使其可用于计划和报告。

同时，OpenBuildings Designer 为建筑领域、结构领域和机械领域组件提供完整的、已经过增强和简化的多领域数据集,方便使用和管理。此数据集还支持连接样式和类别系统,此系统又分为行业特定系统和行业标准系统。这样,便可以轻松为 OpenBuildings Designer 提供的数据集附加项目相关数据。

1.2　启动 OpenBuildings Designer

OpenBuildings Designer 具有一个统一的任务界面,简化了不同专业领域功能之间的切换,允许共享设计建筑对象,可在任何时候操作任何特定专业领域的工具集。

OpenBuildings Designer 将建筑工程领域、结构工程领域、电气工程领域以及机械工程领域功能集成于一体,直接双击软件图标运行软件或点击右键并选择【以管理员身份运行】,均能打开 OpenBuildings Designer,如图 1.2-1 所示。

图 1.2-1　软件启动界面

1.3　文件组织、功能区与基本设置

1.3.1　创建文件

启动软件后将进入软件欢迎界面,点击【启动工作会话】图标(图 1.3-1),进入软件起始工作界面(图 1.3-2),选择工作空间与工作集,这里可选择 Building_Examples 为工作集,选择 BuildingTemplate_CN 为配套工作集。完成上述操作后,点击【新建文件】图标(图 1.3-3),将弹出新建文件对话框(图 1.3-4)。

图 1.3-1　【启动工作会话】图标

第 1 章 OpenBuildings Designer 概述

图 1.3-2 起始工作界面

当弹出新建文件对话框时,进行以下操作:①选择文件保存位置;②输入文件名称;③选择种子文件。

对于文件保存位置,用户可以自定义一个文件夹来放置创建的文件,当然也可以放置在桌面上,方便查看与选择。文件名称可以自定义,但为了便于区分文件内容,建议采用"工程名称/项目名称 + 模型名称 + 模型所属部位"的格式,这样可提高后期文件管理效率。

图 1.3-3 【新建文件】图标

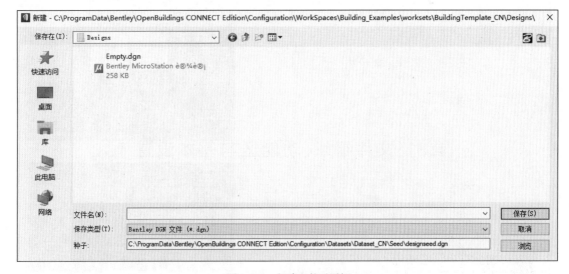

图 1.3-4 新建文件对话框

对于种子文件(用于指定模型文件的工作单位以及其他特征定义配置),可以按照不同专业领域选择对应领域的种子文件。可用的种子文件列表见图 1.3-5。

3

OpenBuildings Designer CONNECT Edition 应用教程

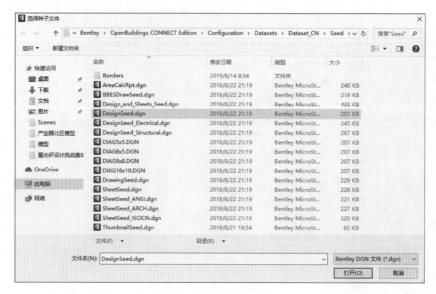

图 1.3-5　选择种子文件

　　选择通用的种子文件(即默认种子文件 DesignSeed.dgn),然后输入自定义文件名,点击【保存】按钮,将储存新建的文件并将其打开。

1.3.2　软件界面

　　打开新建的文件之后,可以看到软件的操作界面(图 1.3-6)。

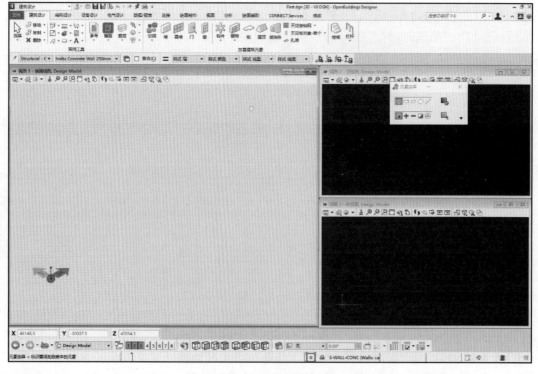

图 1.3-6　软件界面

首先需要介绍的是工作流的选择。在不同工作流下,软件的操作命令不同。在OpenBuildings Designer中包括以下工作流(图1.3-7):

①【建筑设计】工作流:所有领域的操作工具均出现在当前工作流。

②【绘图】工作流:可进行图形基础绘制操作,同时还包含注释、批注、尺寸标注等功能。

③【建模】工作流:可进行建筑领域模型外其他异形模型的创建工作。

图1.3-7 工作流

④【可视化】工作流:可进行动画制作、模型渲染出图等操作。

在【建筑设计】工作流下可以看到不同专业模块的命令工具。【建筑设计】功能区见图1.3-8,【结构设计】功能区见图1.3-9,【设备设计】功能区见图1.3-10。

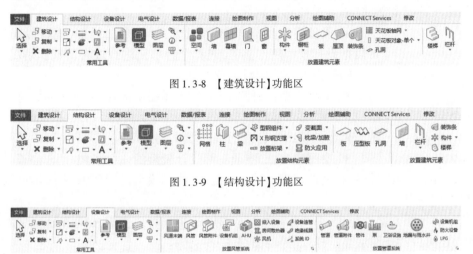

图1.3-8 【建筑设计】功能区

图1.3-9 【结构设计】功能区

图1.3-10 【设备设计】功能区

1.3.3 功能区及相应工具

1.3.3.1 【建筑设计】工作流的功能区

(1)【常用工具】组

在【建筑设计】工作流下,可看见【常用工具】组(图1.3-11)。在这里可快速访问常用的绘图和制图工具、测量工具、元素放置辅助工具、标注工具、参考工具、图层管理器工具以及元素操作和修改工具。

图1.3-11 【常用工具】组

由于常用工具在软件操作过程中使用频繁、功能重要,这里整理了【参考】、【模型】、【图层】三个核心工具的详细介绍:

①【参考】工具

参考是出于出图或构造目的而连接到激活模型并随该模型一同显示。参考的文件有多种格式,包含 DWG 格式、DGN 格式等,可方便设计人员或者建模人员快速创建模型,找到几何尺寸信息。使用【参考】工具时,需要了解参考元素的两种状态,即"激活"和"停用"。当参考的元素处于激活状态时,可以操作参考元素,甚至可以将参考元素复制到当前激活的模型文件中;当参考的元素处于停用状态时,在当前激活的模型文件中不允许对参考的元素进行任何操作。

②【模型】工具

在 DGN 文件中绘制或放置元素,就是在创建模型。模型是元素的容器,可以是二维的,也可以是三维的,可以作为独立的对象存储在 DGN 文件内。可以把 DGN 文件想象成一叠卡片,其中每个卡片就是一个模型。

可创建三种模型文件(图 1.3-12),分别为:

图 1.3-12　创建模型类型

- 设计模型:由几何图形组成,可以是二维的,也可以是三维的。可以把设计模型用作参考,或者作为单元进行放置。默认情况下,设计模型的视图窗口采用黑色背景。
- 图纸模型:一种充当电子绘图图纸的模型,通常由设计模型参考组成。这些参考经过缩放和布置,构成了可打印的绘图。默认情况下,图纸模型的视图窗口采用白色背景。
- 绘图模型:二维或三维设计模型的一个子集,用于向设计模型应用注释、尺寸标注、索引符号和其他修饰。默认情况下,绘图模型的视图窗口采用灰色背景。

③【图层】工具

模型中的每个元素均位于一个图层之上。图层让用户可以更轻松地查看模型的各个部分。同时,还可以改变图层显示样式、控制图层的开/关等。

(2)【数据/报表】功能区

【数据/报表】功能区中包含报表工具、数据工具等(图 1.3-13)。报表工具既可管理应用程序定义的数据,也可管理用户自定义的数据,这些数据可方便用户管理计划与构件的属性报告。数据工具可以定义自定义构件或系统构件类别样式、调整修改构件显示外观等。

图 1.3-13　【数据/报表】功能区

(3)【连接】功能区

连接工具用于连接外部参考、点云数据、实景网格数据等外部文件,能够让软件操作者快速连接外部数据,提高工作效率,如图 1.3-14 所示。

图 1.3-14　【连接】功能区

(4)【绘图制作】功能区

绘图制作工具用来创建平面、立面、剖面和详图绘图的建筑视图(图1.3-15)。所有图纸模型都可以动态链接到源模型,并且在工作流过程中会持续更新。绘图模型提供用于定义索引符号的环境。图纸边界可定义输出图纸模型时施工图的布局。此外,还可以创建和放置索引符号、注释与云。

图1.3-15　【绘图制作】功能区

(5)【视图】功能区

视图工具用于剪切视图、设置视图特性、放置相机、保存视图、排列窗口等,如图1.3-16所示。

图1.3-16　【视图】功能区

(6)【分析】功能区

【碰撞检测】工具能够自动提供所有专业领域的Building组件之间的碰撞解决方案;【能耗分析】工具可获得最佳建筑能耗性能,如图1.3-17所示。

图1.3-17　【分析】功能区

(7)【绘图辅助】功能区

绘图辅助工具用于选择捕捉方式、重新定义辅助坐标系以及地理信息等,如图1.3-18所示。

图1.3-18　【绘图辅助】功能区

(8)【修改】功能区

修改工具主要用于修改单个和多个建筑组件。【修改属性】工具适用于使用启用了数据组的放置工具(建筑领域、机械领域和结构领域固有的工具)放置的所有建筑组件,该工具还支持对模型中已放置的电气领域符号进行修改,如图1.3-19所示。

图1.3-19　【修改】功能区

1.3.3.2 【绘图】工作流的功能区

切换至【绘图】工作流(图1.3-20),该工作流下的主要工具、命令的用法可参考【建筑设计】工作流下【绘图制作】功能区相关命令。

图1.3-20 切换至【绘图】工作流

1.3.3.3 【建模】工作流的功能区

(1)【曲线】功能区

曲线工具(图1.3-21)主要利用线工具,创建构造线、圆锥线、螺旋线、螺旋体线、公式曲线等,还可对已创建的线形进行修改。

图1.3-21 【曲线】功能区

(2)【实体】功能区

实体工具(图1.3-22)主要利用不同工具创建、修改块体、参数化实体等,包含利用块体基元创建块体,利用旋转、拉伸、放样创建参数化实体,添加特征到块体或参数化实体以及修改特征实体等命令。

图1.3-22 【实体】功能区

(3)【曲面】功能区

曲面工具(图1.3-23)同实体工具相似,可以创建从非常简单的曲面到复杂的B样条曲面的各种各样的曲面,如果需要,还可以创建网格。例如,可以先从简单的曲面开始,对其进行修改和操作,使其变成想要的形状;还有一些其他工具可用来从装饰条或剖面创建架构,然后在其上覆盖曲面;也可以由装饰条拉伸或旋转构造曲面。

图1.3-23 【曲面】功能区

(4)【网格】功能区

网格工具(图1.3-24)用于创建网格或将等高线转换为网格,以便从非常简单的土地等高线实现一些带有轻质网格的复杂景观。例如,可以导入景观的点、等高线或元素等数据,然后将其转换为网格。可以创建网格并对其进行合并和操作,以便生成可用于建筑结构的全新网格地形结构。

图1.3-24 【网格】功能区

（5）【约束】功能区

约束工具(图 1.3-25)主要用于创建参数化二维元素、三维参数化实体等。参数化建模工具提供了传统三维工具无法实现的灵活性。使用参数化建模工具，编辑复杂元素的工作将会非常轻松，不需要手动重建。例如，无须手动重建元素，只需对用于创建对象的参数稍加更改就能获得不同的结果。

图 1.3-25 【约束】功能区

1.3.3.4 【可视化】工作流的功能区

【可视化】工作流特有的功能区是【动画模拟】功能区(图 1.3-26)。动画工具主要用于创建整体模型的渲染效果、制作高仿真施工动画、制作动态模拟等。

图 1.3-26 【动画模拟】功能区

1.3.4 基本设置

在掌握软件的文件组织与各功能区所包含的工具后，还需要了解一些必要的参数设置，包括单位设置、颜色集设置、快捷键命令设置等，下面来看一下常用的参数设置。

1.3.4.1 【保存设置】命令

【保存设置】命令可以保存当前文件所有配置。当改变软件的配置文件，例如自定义绘制墙体线形、自定义视图显示样式、自定义工作单位等，点击【文件】→【保存设置】(图 1.3-27)后，所有更改过的设置将一直保存于当前操作的文件中；下一次打开该文件，仍然是之前的设置。如果希望在下次打开该文件时使用原始设置，则不必点击【保存设置】。

如果不想手动操作，可以进行设置，让系统自动保存设置。点击【文件】→【设置】→【用户】→【首选项】，在【操作】类别中，勾选【退出时保存设置】，如图 1.3-28 所示。

图 1.3-27 【保存设置】按钮

1.3.4.2 【ESC 退出命令】设置

【ESC 退出命令】主要用于结束当前所执行的操作命令。这个设置在操作过程中可以起到关键的作用，可以提高操作效率、提高命令之间切换速度，进而提高建模设计效率。点击【文件】→【设置】→【用户】→【首选项】，在【输入】类别中，勾选【ESC 退出命令】，如图 1.3-29 所示。

OpenBuildings Designer CONNECT Edition 应用教程

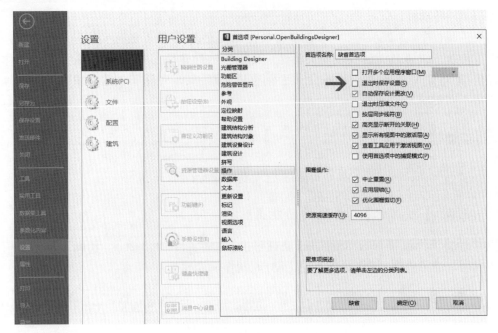

图 1.3-28　勾选【退出时保存设置】

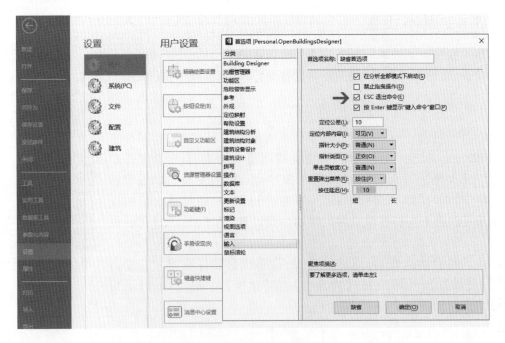

图 1.3-29　勾选【ESC 退出命令】

1.3.4.3　工作单位设置

工作单位决定模型创建过程中绘制的长度、距离,点击【文件】→【设置】→【文件】→【设计文件设置】→【工作单位】,进行工作单位的设置,如图 1.3-30 所示。

第 1 章　OpenBuildings Designer 概述

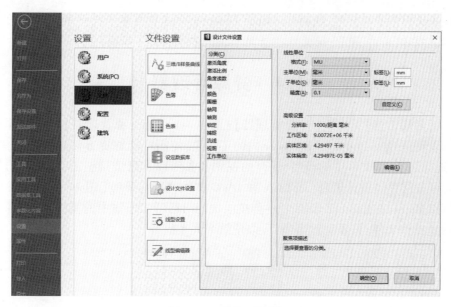

图 1.3-30　设置工作单位

1.3.4.4　鼠标按键

软件的操作离不开鼠标,在利用鼠标操作 OpenBuildings Designer 的过程中,鼠标左键、鼠标右键、鼠标中键的功能见图 1.3-31。

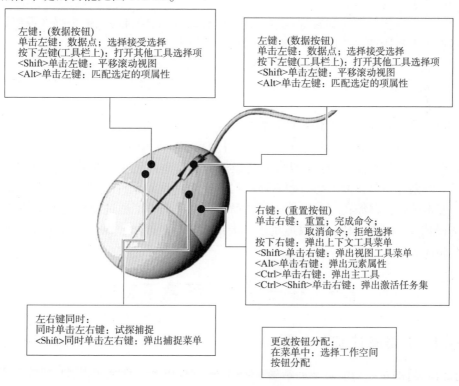

图 1.3-31　鼠标按键功能

注意:在使用某些工具时,OpenBuildings Designer 会在状态栏中提示所需执行的下一步操作。单击鼠标左键表示"是"(接受),单击鼠标右键表示"否"(拒绝)。

1.4 资源管理器

可以在【常用工具】下找到【资源管理器】(图 1.4-1)。【资源管理器】用于管理和控制项目内容,可以管理 OpenBuildings Designer 内的工作集,使用户能够更方便地在工作集内导航,可以轻松地导航 DGN 文件中的模型、保存的视图和参考以及已链接至 DGN 文件的其他支持文件,同时可分层存储设计信息(如 DGN 和 DWG 文件、模型、参考、Adobe PDF 文件、Microsoft Word 文档和 Microsoft Excel 工作簿),还会按层次列出激活工作集中的模型。使用【资源管理器】可以快速操作文件,只要配置得当,可以使效率大大提升。

图 1.4-1 资源管理器

【资源管理器】对话框共包含 5 个选项卡:【文件】选项卡、【项】选项卡、【资源】选项卡、【图纸索引】选项卡、【链接】选项卡。

【文件】选项卡用于浏览和管理模型、参考、保存的视图、层、样式、模板等文件内容。

【项】选项卡按照层次顺序显示 DGN 文件中的非图形业务数据。

【资源】选项卡按照层次顺序显示 DGN 文件中使用的资源。

【图纸索引】选项卡用于管理图纸索引。图纸索引是来自一个或多个设计文件的图纸模型的有序命名集合。

【链接】选项卡可用于查看链接的数据。

在【资源管理器】对话框的【文件】、【项】和【资源】选项卡中,可以在树中搜索对象。可以根据具体要求执行简单搜索、标准搜索或高级搜索。简单搜索可以根据搜索文本执行搜索。标准搜索可以创建简单查询。高级搜索可以构建复杂的搜索条件,这些条件可以保存以供日后使用。搜索结果会存储在一个以搜索条件命名的文件夹中。通过搜索结果文件夹的右键菜单,可以将结果保存为报表定义(仅适用于标准搜索和高级搜索)、编辑搜索标准、删除搜索标准或查看属性。

1.5 在三维设计环境下工作

1.5.1 【精确捕捉】功能

【精确捕捉】的主要功能是辅助精确选择位置,它提供了试探捕捉功能,可单独使用,也可与精确绘图结合使用。【精确捕捉】为捕捉元素提供了图形式辅助方法,自动执行试探捕捉过程,无须按下试探捕捉按钮,从而减少了在设计会话期间所需的按钮按下操作次数。在【精确捕捉】模式下,只需选择工具,然后将指针移动到元素上,【精确捕捉】功能就会查找并显示最近的试探捕捉点。显示正确的捕捉点后,输入一个数据点以接受。如果需要,可调整各种精确捕捉设置,配置精确捕捉。【精确捕捉】功能将在整个设计建模流程中开启。

在使用【精确捕捉】时,还可以选择不同的捕捉模式,捕捉特定元素,以定位用来放置某个元素的精确点或与该元素进行交互。最常用的是【关键点】捕捉模式,可用于定位元素上的关键点(如墙壁端点或圆心,见图1.5-1)。

激活【关键点】捕捉模式(图1.5-2)后,系统会使用以数学方式推导出的关键点来定位捕捉点。OpenBuildings Designer 使用关键点等分数将元素分割成若干个均等的部分。例如,如果等分数为2,则元素将被分割为均等的两部分,同时会创建三个关键点,即2个端点和1个中点,如图1.5-3 所示。

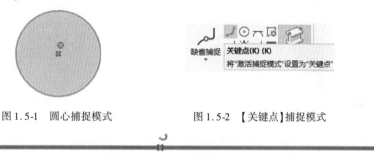

图 1.5-1　圆心捕捉模式　　　　图 1.5-2　【关键点】捕捉模式

图 1.5-3　关键点等分

选择捕捉模式最方便的途径是通过【捕捉模式】按钮栏。要打开该按钮栏,可单击状态栏中的【捕捉模式】图标,然后从弹出式菜单中选择【按钮栏】,如图1.5-4 所示。

双击按钮可以将其设置为默认捕捉模式,如图1.5-5 所示。

图 1.5-4　捕捉模式图标　　　　图 1.5-5　设置默认捕捉模式

如果仅仅在某一次操作中使用某个捕捉模式,单击对应按钮一次即可,在捕捉完成后将自动恢复为默认捕捉模式(图1.5-6)。

在设置完成捕捉模式后,将光标移动到距元素捕捉点足够近的位置,【精确捕捉】功能将在移至捕捉点附近时自动捕捉并停留在该位置,直到移开鼠标为止。使用【精确捕捉】功能捕捉成功后,会在捕捉点处放置一个加粗的黄色"×"符号(图1.5-7),输入的下一个数据点将精确地定位到该点处。

图 1.5-6　切换单次捕捉　　　　图 1.5-7　精确捕捉

当捕捉到元素时,元素的属性信息将以悬浮框的形式显示在光标右侧,这时我们可以查看捕捉的元素的相关属性信息,包括图层信息、尺寸信息、应用样式以及其他外部信息等,如图1.5-8所示。

1.5.2 【精确绘图】工具

【精确绘图】是一种制图辅助工具,用于计算诸如当前指针位置、先前输入的数据点、上一个坐标指令、当前工具需求以及通过快捷键入或精确绘图选项输入的任何指令等参数。【精确绘图】随后会生成相应的精确坐标并将其应用于激活工具。可以使用【基本】工具框中的【开关精确绘图】图标来开启【精确绘图】功能,如图1.5-9所示。

图1.5-8 元素属性信息

图1.5-9 开关精确绘图

【精确绘图】功能可根据用户的操作推断信息。例如,如果选择【放置线性墙】工具,【精确绘图】功能会在直角坐标系显示当前操作光标的坐标信息,如图1.5-10所示。

如果选择【按圆心放置墙圆弧】,则绘制完第一个点之后,【精确绘图】功能会切换到极坐标系(距离/角度方式),如图1.5-11所示。

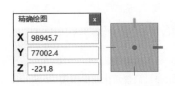
图1.5-10 直角坐标系下的精确绘图

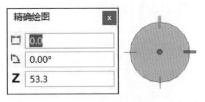
图1.5-11 极坐标系下的精确绘图

精确绘图罗盘坐标由三个组件构成。无论在直角坐标模式下还是在极坐标模式下,这些组件均可见。

①精确绘图罗盘坐标原点位于坐标的中心。无论在什么位置绘制元素,精确绘图坐标的原点始终位于(0,0)处(相对原点)。这类似于测量仪器,原始大地坐标不动,绘制任何元素的位置均是相对于大地坐标的。

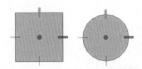
图1.5-12 矩形与圆形精确绘图坐标

②矩形精确绘图坐标或圆形精确绘图坐标被称为绘图平面指示器(图1.5-12),它们可显示【精确绘图】所在的绘图平面,即直角坐标系或极坐标系。

③比较粗的绿色竖线及红色横线为【精确绘图】功能的轴标记,它们与绘图轴及视图轴完全无关。

当使用【精确绘图】工具时,其坐标会相对于罗盘坐标原点位置进行改变。当移动光标时,【精确绘图】窗口中显示字段的 X、Y 和 Z 值将会实时更新,以反映光标距原点的距离。当移动鼠标时,【精确绘图】功能会跟踪光标相对于精确绘图罗盘坐标原点的位置。

【精确绘图】功能的操作步骤如下:

①输入一个数据点以确定元素位置。

②沿所需绘制方向移动光标。

③在【精确绘图】对话框中输入所需的 X、Y、Z 距离值,光标即定位到目标距离位置。

④(可选)同时也可以选择沿另外一个方向绘制元素。

⑤(可选)输入下一个距离值。

⑥点击鼠标左键表示接受,完成创建。

在绘制元素时,应该关注绘制方向,而不是 X 或 Y 值。X 和 Y 值固然有用,但并不是绘图时应关注的重点。【精确绘图】功能可以在目标点附近一定距离捕捉特定类型,如轴、原点及原点附近某一距离。当接近某个状态时,光标会暂时锁定到该状态。例如,当光标和精确绘图坐标之间的角度接近 90°时,将锁定到该角度。

在使用【精确绘图】功能时,可以输入由一个或两个键盘按键组成的快捷键,执行对应的操作。还可以利用快捷键开启【精确绘图】命令,按键盘的<F11>键即可开启【精确绘图】功能。常用的快捷键如下:

①<M>键:切换直角坐标/极坐标。

②<Enter>键:打开/关闭【智能锁】。【智能锁】将捕捉到最近的轴并锁定相对的字段值。例如,当捕捉 X 值时,Y 值将被锁定为 0。这样,便可以在一个方向上绘图而在另外一个方向上捕捉对象。在极坐标模式下,如果【距离】处于激活状态,则【角度】将被锁定。

③<V>键——旋转视图。按<V>键可旋转绘图坐标,使其与视图轴对齐。当使用旋转的视图时,该快捷键尤其有用。

④<O>键——设置原点。按<O>键可将【精确绘图】坐标移动到当前光标位置或某个试探点。当开启【精确捕捉】功能时,与<O>键搭配使用,将大大提高绘图建模效率。

注意:先捕捉某个点,然后开启【精确绘图】功能,即按下<F11>键,然后再按<O>键,可将【精确绘图】的原点设置在该点上。这时不要单击左键接受捕捉点,只需进行捕捉并按<O>键,使【精确绘图】将当前点作为试探点。使用此方法时,很重要的一点是不要接受捕捉。

⑤<K>键——设置关键点等分数。将光标定位于【精确绘图】窗口(图 1.5-13)上,按<K>键打开【关键点捕捉等分数】对话框(图 1.5-14),设置关键点捕捉的捕捉等分数(默认值为 2)。

图 1.5-13　【精确绘图】窗口

图 1.5-14　【关键点捕捉等分数】对话框

提示:有关【精确绘图】快捷键的完整列表,可点击顶部菜单栏的【帮助】按钮,在以下路径中查看:帮助→MicroStation→精确捕捉和精确绘图→使用精确绘图→精确绘图快捷键的完整列表。

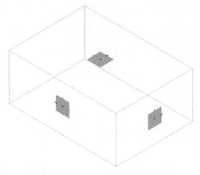

图1.5-15　绘图平面

左轴测视图或右轴测视图等旋转视图可以更加清晰地显示当前模型的外形设计样式。在创建模型的过程中,有时需要将模型元素放在顶视图、前视图或侧视图等标准视图中进行操作。要想在适合的平面内绘制对象,可以利用【精确绘图】快捷键<V>(旋转视图)、<T>(顶视图)、<F>(前视图)或<S>(侧视图)。【精确绘图】的视图旋转快捷键可将绘图平面与当前视图或顶视图、前视图或侧视图对齐,如图1.5-15所示。

1.5.3　辅助坐标系(ACS)

通过旋转【精确绘图】的绘图平面来绘制元素是很容易的。不过,任务完成后,绘图平面将返回到旋转前的状态(轴测视图、顶视图、前视图或侧视图)。如果希望绘图平面能够返回到某个旋转后的方向以供日后使用,则应设置辅助坐标系(即 ACS)。在【绘图辅助】功能区找到【管理 ACS】工具,通过设置【管理 ACS】工具可使旋转绘图平面与 ACS 的旋转角度相符。

1.5.3.1　ACS 工具框

所有 ACS 工具均可在【主工具】栏的相应对话框中找到。可通过双击列表中的某个 ACS 名称来激活 ACS;也可右键单击 ACS 名称,从弹出的菜单中选择【设置激活视图】或【设置所有视图】,如图1.5-16所示。

定义 ACS 最快捷的方式之一是按面定义,步骤如下:

①选择【按面定义 ACS】工具 。

②选择一个实体或封闭的二维元素。

③选择一个面,用以定位 ACS。这个面的边界将以虚线高亮显示,如图1.5-17所示。

图1.5-16　ACS 工具框

图1.5-17　通过面定位 ACS

④单击以接受用于定位 ACS 的面。

1.5.3.2　ACS 锁

【ACS 平面锁】和【ACS 捕捉锁】可以用来控制 ACS 对数据点和捕捉的作用方式。【ACS 平面锁】可以将数据点锁定到激活的 ACS。

【ACS捕捉锁】可以将捕捉锁定到激活的 ACS。

可通过状态栏中的【锁】图标在锁定与解锁 ACS 平面和 ACS 捕捉之间进行切换,如图 1.5-18 所示。

此外,【图标锁】工具栏还会显示 ACS 锁的当前状态。可通过以下步骤调出此工具栏:【工具】→【建筑系列工具条】→【图标锁】,如图 1.5-19 所示。

图 1.5-18 ACS 锁

图 1.5-19 图标锁

注意:图标锁第二个图标为【ACS 平面锁】,第三个图标为【ACS 捕捉锁】。绿色表示处于解锁状态,红色表示处于锁定状态。

1.5.4 应用标准视图

处理三维模型时,可以沿任意轴旋转视图。通过【旋转视图】工具可使用顶视图、前视图、右视图、轴测视图、底视图、后视图、左视图、右轴测视图等标准视图,如图 1.5-20 所示。

也可以使用【视图】控件的【前一个视图】按钮(◀)和【后一个视图】按钮(▶)来向前和向后浏览视图。

1.5.5 【动态旋转视图】工具

要动态旋转视图,操作步骤如下:
①选择【旋转视图】控件(图 1.5-21)。
②将【方法】设为【动态】。
③视图的中心会出现一个加号(+)。这样便可绕视图中心旋转视图,如图 1.5-22 所示。

图 1.5-20 【旋转视图】工具

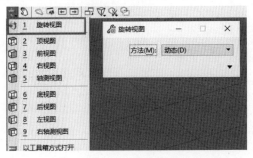
图 1.5-21 动态旋转视图

图 1.5-22 定位旋转轴点

④单击视图中心的加号以重新定位轴点。

提示:使用【全景视图】可将轴点重新定位到视图的中心。

1.5.6 【剪切立方体】工具

使用【剪切立方体】工具可限制视图显示的立方体,这样有助于在有限的模型立方体内工作而不受到相关区域外部几何图形的影响。将【剪切立方体】应用到视图后,只会显示位于剪切立方体内部的元素,或者在该视图中可以捕捉到的元素。

可通过【视图】控件访问【剪切立方体】工具,如图 1.5-23 所示。

创建剪切立方体的方式有多种,包含【按元素应用剪切立方体】、【剖面剪切立方体】、【按两点应用剪切立方体】、【按多边形应用剪切立方体】、【两点间应用剪切立方体】。下面以【剖面剪切】以及【按两点应用剪切立方体】两种方式举例。

1.5.6.1 【按两点应用剪切立方体】工具

【按两点应用剪切立方体】工具可通过使用两个数据点交互定义矩形剪切元素来应用剪切体积块。剪切体积块是通过贯穿整个模型延展定义的剪切元素创建的,如图 1.5-24 所示。

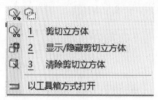
图 1.5-23 【剪切立方体】工具

图 1.5-24 按两点应用剪切立方体

【按两点应用剪切立方体】工具的操作步骤如下:
①在视图控制区选择【剪切立方体】工具。
②在工具设置中,单击【按两点应用剪切立方体】图标。
③开启【显示剪切元素】选项。
④输入两个数据点来定义矩形剪切元素的斜对角。
⑤如果仅打开了一个视图,即可应用剪切立方体;如果打开了多个视图,在需要进行剪切的那个视图中输入一个数据点(图 1.5-25)。

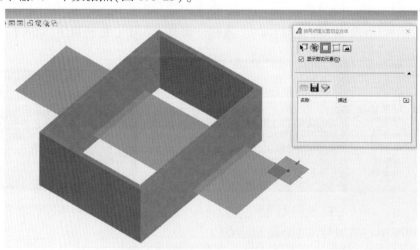

图 1.5-25 按两点应用剪切立方体示例

如果日后移动或修改某个剪切元素,则剪切立方体也会随之移动或修改。如果删除某个剪切元素,则剪切立方体也会随之删除(图 1.5-26)。

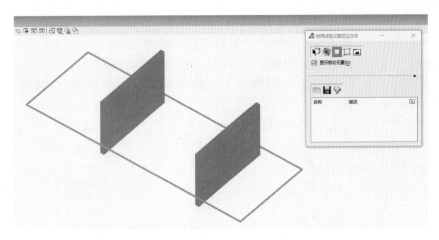

图 1.5-26　按两点应用剪切立方体示例

1.5.6.2 【剖面剪切】工具

【剖面剪切】工具可通过使用两个数据点定义剪切面来应用剪切体积块。剪切体积块是通过贯穿整个模型延展定义的剪切元素创建的。【剖面剪切】创建方式有四种，其操作方式类似，两个数据点间剖面即为元素，可以使用标准元素操作工具对这些元素进行操作。

使用【剖面剪切】应用剪切立方体，步骤如下：

①在视图控制区选择【剪切立方体】工具。

②在工具设置中，单击【剖面剪切】工具图标，然后选择绘图种子。绘图种子即将种子内详图符号样式应用于剪切体积块的种子文件。

③在【两点间放置截面】工具设置窗口中，选择用于创建【剪切立方体】的平面。

④在需要进行剪切的视图中输入一个数据点。

⑤最终效果见图 1.5-27。

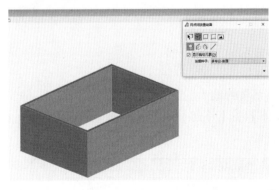 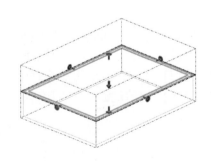

图 1.5-27　剖切示例

1.5.6.3 编辑图柄

剪切立方体的编辑图柄为蓝色和绿色箭头，可使用光标执行单击操作并将图柄拖动到新位置，以控制剪切立方体的范围与剪切平面的位置。操作图柄时，剪切立方体中的剖面组件会

图1.5-28 编辑图柄

相应更新,如图1.5-28所示。各种颜色图柄的功能为:

①绿色图柄用于控制剪切平面的位置。

②蓝色图柄用于控制剪切立方体的范围。

③当蓝色图柄位于绿色箭头指向的区域中时,此时的视图为前视图。

④当蓝色图柄位于非绿色箭头指向的区域中时,此时的视图为后视图。

⑤要更改剪切方向,右键单击绿色箭头,然后选择【翻转方向】。

1.5.6.4 查看剪切立方体

取消选择剪切平面后,边界框会消失。重新选择边界框以显示编辑图柄。

要关闭显示的剪切平面,需要在【视图属性】中取消选择【构造】,或从【剪切立方体】下拉列表中选择【显示/隐藏剪切立方体】,如图1.5-29所示。

要在打开与关闭剪切立方体之间进行切换而不删除它,需要在【视图属性】中取消选择【剪切立方体】。

要删除剪切立方体,可删除【剪切平面】元素;或从【剪切立方体】下拉列表中选择【清除剪切立方体】,如图1.5-30所示。

1.5.6.5 剪切立方体设置

图1.5-29 【视图属性】对话框

使用【剪切立方体设置】功能可对不同的剪切立方体区域进行【显示】、【捕捉】和【定位】设置。如果已存在剪切立方体,通过【剪切立方体设置】功能可以查看剪切立方体的【向前】、【向后】、【剪切】和【外部】区域,如图1.5-31所示。各选项的作用为:

①【向前】:用于定义剪切平面前面元素的显示。

②【向后】:用于定义剪切平面后面元素的显示。

③【剪切】:用于定义剪切平面剪切位置处元素的显示。

④【外部】:使用【按两点应用剪切立方体】时,【外部】用于定义剪切区域外部元素的显示。

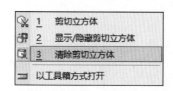

图1.5-30 选择【清除剪切立方体】

图1.5-31 剪切立方体设置

1.5.7 显示样式

可以使用多种【显示样式列表】(图标为)来查看不同显示样式下的模型效果。对于三维设计的默认视图,可从各个视图工具栏中访问用于设置显示样式的工具。显示样式有消隐(图 1.5-32)、透明(图 1.5-33)、黑白(图 1.5-34)等。

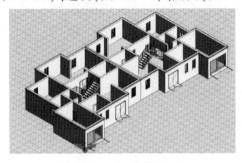

图 1.5-32 消隐模式

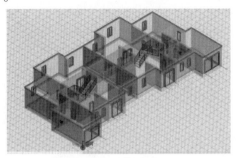

图 1.5-33 透明模式

可以使用【全局亮度】滑块调节元素的亮度,如图 1.5-35 所示。

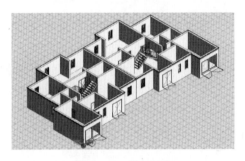

图 1.5-34 黑白模式

图 1.5-35 【全局亮度】滑块

要修改或创建自定义的显示样式,可以点击【显示样式列表】,找到【打开显示样式对话框】,如图 1.5-36 所示。

在【显示样式】对话框中,可以进行以下设置:

①【渲染模式】→【显示】:设置所选显示样式的渲染模式(图 1.5-37)。

②【线框】。

③【可视边】。

④【实心可视边】。

⑤【着色】。

⑥【替代】→【元素】:开启后可设置元素的替代样式。单击下拉菜单可显示替代元素的【颜色】、【线型】、【线宽】和【透明度】。可通过选中这些替代属性对应的复选框来设置它们(图 1.5-38)。

图 1.5-36 点击【打开显示样式对话框】

⑦【替代】→【背景】:开启后,可自定义背景颜色,同时还可以选择不同的背景显示方法,如图 1.5-39 所示。

图 1.5-37　渲染模式对话框　　　　　图 1.5-38　替代样式对话框

图 1.5-39　背景颜色设置框

⑧【边界设置】→【可视边】（仅限着色渲染模式）：如果开启，则当调整为着色显示模式时，则会将当前设置的显示样式以元素模型的可视边显示。

⑨【边界设置】→【隐藏边】（可视边或填充可视边渲染模式，或者启用可视边情况下的着色渲染模式）：如果启用，可设置线型和线宽，应用所选显示样式的视图将采用此设置显示隐藏边，具体设置如图 1.5-40 所示。

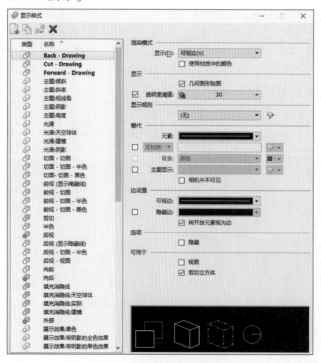

图 1.5-40　【显示样式】设置

1.5.8 显示集设置

通过【显示集设置】命令可选择单个或一组要在所选视图中显示的元素,同时将隐藏所有其他元素(而不管其所在的层为哪个)。使用【选择元素】来选择一组元素,然后长按右键并选择【显示集设置】,如图 1.5-41 所示。

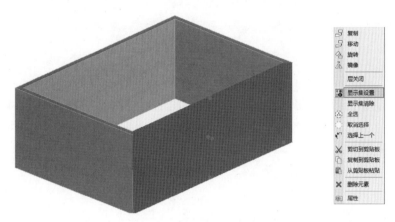

图 1.5-41　选择【显示集设置】

如果要清除所选内容,长按右键并选择【显示集清除】,如图 1.5-42 所示。

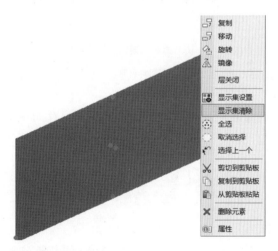

图 1.5-42　选择【显示集清除】

1.5.9 保存视图

【保存的视图】是组图策略的核心,可通过多种方式使用。这一功能可以类比为拍照和保存照片。使用【保存的视图】来命名、保存、连接、调出和删除视图。

可以通过【常用工具】→【键入命令】→【保存的视图】访问【保存视图】命令(图 1.5-43),还可以通过【视图】功能区找到【保存的视图】命令。调出【保存视图】后,可在同一设计会话中快速显示其他三维模型。

图1.5-43　保存视图

设置视图(例如【剖面剪切】)后,即可选择【创建保存的视图】,如图1.5-44所示。

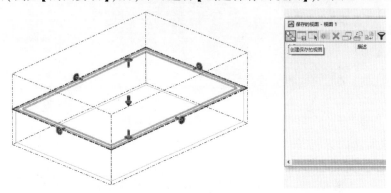

图1.5-44　创建保存的视图

设置保存的视图的名称,然后单击视图中任意位置来选择所要保存的视图,如图1.5-45所示。

要在设计会话中随时重新应用该视图,请选择【应用保存的视图】,如图1.5-46所示。

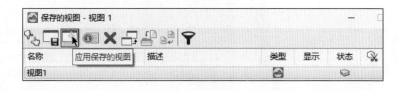

图1.5-45　保存视图　　　　　　　　图1.5-46　【应用保存的视图】按钮

从具有相应属性的选取列表中选择已保存的视图,然后单击要应用的视图,如图1.5-47所示。

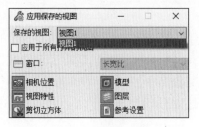

图1.5-47　保存的视图

第2章 建筑模块

2.1 功能概述

建筑模块专为建筑领域的专业人士开发,可以完成建筑设计和制作工作流程的所有阶段,即从概念设计到形成施工文档的整个过程。提供通用的技术平台和一致的用户界面,整合了三维建筑设计与建模、设计可视化、二维制图与绘图制作以及报告生成与对象管理的关键活动。

基于"集成项目模型"概念,即智能三维建筑模型是所有数据输入和输出的单一来源。设计建模和设计修订均对集成项目模型进行,所有模型更新和数据提取均基于同一个模型。利用此建筑应用程序,只需保持以下基本原则即可解决项目生命周期中的各种基本需求,具体包括:

①在项目开始阶段发生的空间规划和质量建模确定。
②在建模期间和设计开发阶段发生的面向生产的活动,包括放置墙、门和窗。
③在项目整个生命周期内外发生的绘制、数据报表生成和报告提取。

2.2 【楼层选择器】与【楼层管理器】

楼层管理系统用来组织、设计和报告建筑信息。通过这种方式,指定楼层可定义建筑部分相对于参考高程和场地高程的物理位置。因此,楼层充当模型中建筑元素和组件的一种容器,这些建筑元素和组件包括给定标高处的墙、门、窗、固定件、家具、设备、结构构件、设备组件(HVAC和水管)及电气设备。借助这一功能,建筑师、土木工程师、室内设计师、景观设计师以及设备和结构设计工程师便可在许多不同领域使用楼层。

辅助坐标系(ACS)是一种建模实用工具,可用于表示建筑楼层或场地参考平面。不过,在管理建筑项目内宽阔的多层楼层和子楼层系统方面,ACS的作用是有限的。尽管ACS系统在应用程序中一直处于激活状态,但对于一般考虑楼层而不考虑辅助坐标系的建筑设计专业人士来说,可以使用建筑楼层管理实用工具。使用楼层管理系统创建楼层高程参考平面和楼层内的子楼层(例如天花板、凸起平台和结构顶部),以管理位于楼层高程内的元素和组件。

2.2.1 【楼层选择器】工具

【楼层选择器】工具用于选择楼层和关联的楼层参考平面,以及激活它们以便建模和放置图形。【楼层选择器】还可在多个建筑中设置激活楼层,并且具有与轴网系统连接的集成工具。其访问方式为【建筑设计】功能区→【常用工具】组→【工具栏】拆分按钮→【楼层选择器】(图2.2-1)。选择【楼层选择器】工具后,将打开【楼层选择器】对话框(图2.2-2)。默认情况下,该对话框将停靠在应用程序窗口的底边。该对话框还可以沿应用程序窗口的顶边浮动或停靠,或者在工作流过程中关闭。【楼层选择器】可保持停靠状态。停靠时,从下拉菜单中选择楼层或楼层参考平面,双击即可将其设置为激活。

图2.2-1 打开【楼层选择器】

图2.2-2 【楼层选择器】界面

【楼层选择器】(图2.2-3)各部分的功能如下:

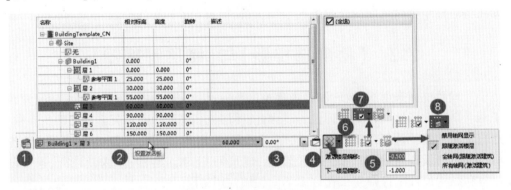

图2.2-3 【楼层选择器】的组成

①【楼层管理器】:可在其中创建和管理项目的建筑、建筑楼层和楼层组,包括子楼层参考平面和楼层信息。【楼层管理器】会创建一个辅助坐标系(ACS),其外观和行为与建筑内的楼层系统类似。创建楼层和楼层参考平面后,可使用【楼层选择器】工具激活特定的楼层或参考平面。激活后,所有数据点和试探捕捉点都将强制设置为该楼层的Z高程。

②【设置激活楼层】:单击此处将显示所有可选择的建筑和楼层的层次列表;折叠后,将显示激活的建筑、楼层和楼层高程。该列表包含在主楼层文件(BB_FloorMaster.dgnlib)中建立的所有楼层、关联楼层参考平面、典型楼层和典型楼层组。【楼层选择器】可基于主楼层文件随附的模板创建绘图定义。在楼层列表框中,还可以选择楼层及关联的楼层参考平面,将它们激活以便建模和放置图形。列表中高亮显示的楼层被设置为激活楼层。楼层及其参考平面在可扩展/可折叠目录中按行显示。

26

③【设置 ACS 旋转】:用于同时旋转 ACS 和精确绘图罗盘。可输入旋转角度或者通过单击向下箭头来旋转,之后激活的 ACS 将围绕 Z 轴旋转指定角度。

④【将视图与 ACS 对齐】:用于旋转视图以将其与激活 ACS 平面对齐。视图将旋转,使得其 X、Y 和 Z 轴与激活 ACS 平面的 X、Y 和 Z 轴对齐。

⑤【隔离楼层】:在激活楼层范围内所有元素的激活视图中创建显示集,以便更轻松地导航和研究复杂模型。下拉选项用于操作激活楼层范围,这对显示集中是否包含相邻楼层中的元素有影响。

⑥【轴网系统管理器】:用于快速访问【轴网系统管理器】对话框。该对话框用于设置轴网系统中包含的所有元素和组件的形状、大小、放置与外观。

⑦【设置激活轴网】:通过从下拉列表中选中轴网将其激活。选定的轴网将被激活并可供查看和动态显示。列表中的轴网为【轴网系统管理器】中可用的当前轴网定义。

⑧【轴网模型显示选项】:确定动态轴网的显示时间和方式。

2.2.2 【楼层管理器】工具

【楼层管理器】工具用于为项目创建和管理楼层定义、楼层/子楼层参考平面、楼层组以及楼层信息,还用于插入、修改和删除楼层、关联的参考平面和楼层组以及设置的高度注释(图 2.2-4)。

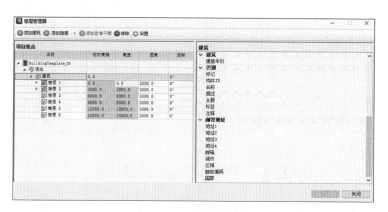

图 2.2-4 【楼层管理器】窗口

【楼层管理器】各部分的功能如下:

①【添加建筑】:创建用于存储楼层和参考平面定义的顶层容器。点击进入该文本字段,输入新建筑的名称来替换默认名称。各建筑将按其创建顺序在树视图中列出。

②【添加楼层】:在当前建筑的下一更高高度处创建新楼层条目。该楼层条目将显示在【楼层管理器】列表框的底部。该新楼层列表框条目是一个动态选定的文本字段,其中显示了默认名称"楼层 1"。点击进入该文本字段,输入新楼层名称来替换默认名称。同时还必须先输入当前更改名称楼层的有效楼层高度,这样才能重新控制焦点。

③【插入楼层】:针对【楼层管理器】列表框中的选定楼层启用。在当前建筑中当前楼层的上方插入新楼层条目。楼层名称将以增量编号标注,并沿用默认高度和旋转值。

④【添加典型楼层】:用于创建标准层(图 2.2-5)。

图 2.2-5　创建标准层

⑤【添加参考平面】：创建与激活的楼层关联的新参考平面。该新参考平面列表框条目是一个主动选定的文本字段，其中显示了默认名称"参考平面 1"。点击进入该文本字段，输入新的参考平面名称来替换默认名称。同时还必须先输入当前更改名称楼层的有效高度，这样才能重新控制焦点。参考平面及其高度均相对于与其关联的楼层。

⑥【移除】：删除所选楼层、楼层参考平面或典型楼层。还可删除在被删除楼层中建立的参考平面。在此类型的操作过程中，还会删除与被删除的主典型楼层关联的典型楼层。通常，删除典型楼层后，将降低被删除楼层上方的典型楼层的高度，以保持其余典型楼层之间的高度恒定。可以选择保持被删除楼层上方的楼层之前的高度。

⑦【设置】：用于管理高程标注设置（图 2.2-6）。

同时，还可以在【楼层管理器】中输入项目的属性参数信息，包括楼层面积、土地产权标号、建筑商、建造年份等。在所有参数设置完成后，点击【应用】完成楼层创建。

图 2.2-6　【高程标注设置】对话框

2.3　轴网系统管理器

【轴网系统管理器】提供了全面的轴网系统，可以对特定建筑中的特定楼层或某一范围的楼层应用多个轴网（正交轴网、弧形轴网和自由轴网）。轴网系统更有效地将轴网集成到 AECOsim Building Designer 工作流中，包括与三维模型和楼层管理器系统的集成。【轴网系统管理器】对话框包含用于添加、复制和移除轴网、插入轴网线、操作轴网线间距、旋转轴网以及设置轴网线线符和其他首选项的设置。

此外轴网系统还可以与三维模型集成，它可以集成到三维模型中。在此模型中，轴网系统可对当前视图、激活楼层定义做出响应并与设计工作流进行交互。在 OpenBuildings Designer 中，轴网工具对于每个楼层的轴网信息的展示都是不同的，所以必须按照以下步骤生成轴网：

①点击 ，启动轴网绘制工具。

②点击 并选择添加不同形式的轴网系统，如图 2.3-1 所示。这里以正交轴网为例。

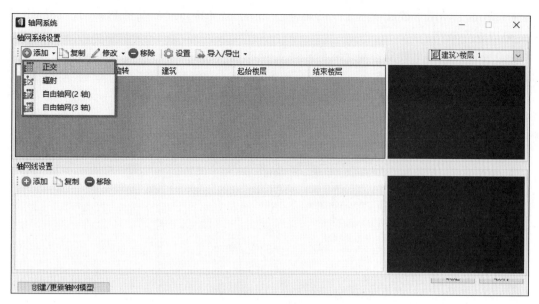

图 2.3-1 轴网类型

③可以设置轴网的【旋转】、【建筑】、【起始楼层】、【结束楼层】，如图 2.3-2 所示。

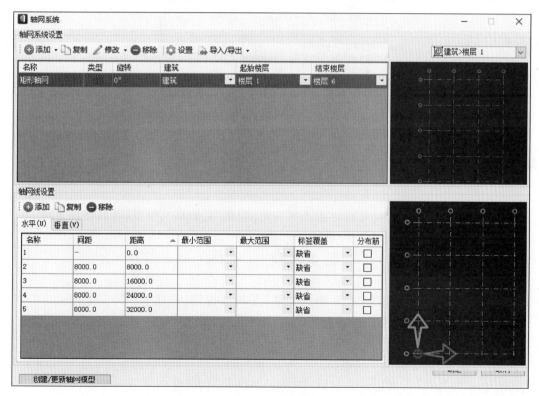

图 2.3-2 轴网创建

注意：在【建筑】栏选择之前在【楼层管理器】中输入的建筑名称；【起始楼层】与【结束楼层】表示应用该轴网的楼层范围。

④设置水平轴网个数及轴网之间的距离。相邻轴网相同时,可以复制轴网。发现绘制错误时,可以删除轴网。

⑤设置垂直轴网个数及轴网之间的距离。相邻轴网相同时,可以复制轴网。发现绘制错误时,可以删除轴网。

注意:若要对轴网进行设置,可以点击上方的 设置 按钮,打开【轴网系统设置】面板,详见图2.3-3。完成设置后,可在右侧预览区实时查看轴网。

图 2.3-3 【轴网系统设置】面板

⑥当轴网创建完成后,点击【轴网系统】窗格左下角的【创建/更新轴网模型】,生成轴网文件。

注意:当更改了轴网信息,可以点击左下角的【创建/更新轴网模型】按钮进行更新。

2.4 空 间

可在【建筑设计】工作流下【放置建筑元素】工具栏找到【空间】命令。借助该工具,可管理空间计划活动;可以创建所需形状和所需几何面积的空间,为每个空间分配标签、类型并编辑其属性,这些属性可用于处理空间图例以及选择空间,同时还能够分析、验证面积创建空间。

【创建空间泛填】工具用于绘制、定位、标识和注明各个空间(例如房间)或逻辑相关空间(例如部门)。可以在【放置建筑元素】→【空间】→【空间】找到【创建空间泛填】工具。

【创建空间泛填】对话框如图2.4-1所示。

在选择对象型号即空间类型时,可以点击下拉菜单,选择要放置的控件类型。打开【空间类型】下拉菜单,可从中选择目录项下不同房间类型,如图2.4-2所示。

第 2 章 建筑模块

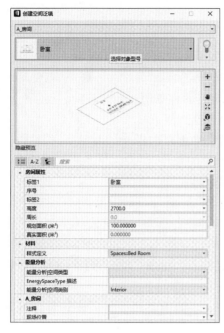

图 2.4-1 【创建空间泛填】对话框

图 2.4-2 空间类型

选择相应空间类型后,视图显示窗口将显示选中的控件类型;【创建空间泛填】对话框还提供了即时搜索功能,可以搜索空间类型,快速定位。在选定空间类型后,需要给定相应控件类型的参数信息(图 2.4-3),具体如下:

图 2.4-3 空间类型属性信息

①房间属性：序号、标签、高度、周长、真实面积。
②材料：定义材料样式。
③能量分析：包含能量分析|空间类型、能量分析|空间类别等。
④房间：包含现场位置、利用率、墙体材料等。

创建空间泛填的方式有6种（图2.4-4），具体如下：
①【绘制形状】：通过绘制一个形状来创建边界。
②【选择形状】：通过选择一个现有形状来创建边界。
③【泛填面积】：在可泛填的区域内创建空间。
④【绘制矩形】：通过绘制矩形来创建边界。

图2.4-4 创建空间泛填的方式

⑤【绘制圆形】：通过绘制圆形来创建边界。
⑥【绘制椭圆】：通过绘制椭圆来创建边界。

选择泛填方式后，需要设置泛填选项的参数，具体如下：
①【关联】：此项启用后，会创建关联空间，其定义会在修改和更新关联元素（例如墙）后自动修改和更新。
②【到墙中心】：启用此项后，会将空间边界延伸至相应墙的中心线。当需要计算净建筑面积、原始建筑面积和总建筑面积的差值时，此选项十分有用。
③【重叠】：启用后，将识别空间边界的轮廓；禁用后，将忽略空间边界并泛填整个空间。在识别空间定义之间的区域（如走廊、通行出入口所占的区域）时，此设置尤为有用。另外，为示意性块体创建规划面积时，还可使用此设置来识别所使用的总空间。
④【忽略选择】：用于识别选择集的空间泛填方法。在某选择集处于激活状态且此选项被禁用的情况下，【通过泛填法创建空间】命令将正常工作，不过用户只能泛填选择集包含的闭合区域；启用此选项后，会在创建新空间时忽略选择集。
⑤【最小孔尺寸】：启用此项后，由空间边界内的闭合区域和形状所定义的排空和孔将在空间区域内保持不变。在设置字段中可指定孔的最小可识别尺寸。

2.4.1 编辑空间

选择已创建的空间，点击【修改属性】，便可以打开【编辑空间】对话框，用于显示和编辑空间的相关数据，如图2.4-5所示。

2.4.2 选择空间

【选择空间】工具用于创建空间选择集。要限制选择集，可勾选【标注】选项，然后在【标注】字段中为搜索条件输入一个空间标签。可通过在激活模型中输入数据点，激活受限的选择集。

图2.4-5 【编辑空间】对话框

【选择空间】对话框(图2.4-6)的各项设置如下:

①【选择依据】/【标注】:启用此项后,将选择具有指定标签名称的空间。

②【添加到上一个选择集】:启用此项后,将组合空间选择集。

③【使用围栅】:勾选此项后,将在激活围栅时启用,此时会按照围栅选择模式选择空间。围栅模式有:
- 【内部】:仅选择完全位于围栅内部的空间。
- 【重叠】:仅选择位于围栅内部或与围栅重叠的空间。
- 【排空】:仅选择完全位于围栅外部的空间。
- 【排空重叠】:仅选择位于围栅外部或与围栅重叠的空间。

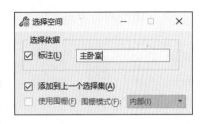

图2.4-6 【选择空间】对话框

要添加到现有选择集,可勾选【添加到上一个选择集】,为搜索条件输入一个新空间标签,然后在激活模型中输入另一数据点。如果在未勾选【标注】时输入数据点,则将选中激活模型中的所有空间。搜索条件可以是确切短语或正则表达式。正则表达式是功能强大的注释,用于描述普遍接受的字符串匹配模式。

2.4.3 更新空间

【更新空间】工具用于重新计算单独选择的或使用围栅选择的空间的面积和周长,见图2.4-7。其各选项的具体功能如下:

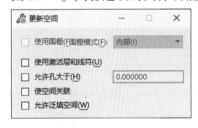

图2.4-7 【更新空间】对话框

①【使用围栅】:用法可参考【选择空间】工具。

②【使用激活层和线符】:启用此项后,选定的空间将使用【特性】工具箱中设置的激活用户定义的线符进行更新;禁用此项后,更新后的空间将保留启动更新操作之前存在的线符定义。

③【允许孔大于】:启用此项后,由空间边界内的闭合区域与形状所定义的孔之间在空间区域内没有效果。可在设置字段中可指定孔的最小可识别尺寸。

④【使空间关联】:如果启用该设置,将会创建一个关联空间,而且其定义会在修改和更新关联的元素(例如墙)时自动得到修改和更新。

⑤【允许泛填空间】:如果启用该选项,将可以识别空间边界的轮廓;禁用此项后,将忽略空间边界并泛填整个空间。在识别空间定义之间的区域(如走廊、通行出入口所占的区域)时,此设置尤为有用。另外,为示意性块体创建规划面积时,还可使用此设置来识别所使用的总空间。

2.5 墙

2.5.1 放置墙体

【放置墙体】工具可放置线性、弧形、曲线和复合墙,还可以在现有的墙上构建新墙、打断墙、连接墙以及放置由装饰条派生的构件。【放置墙体】对话框如图2.5-1所示。

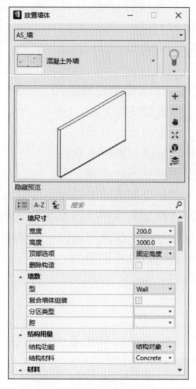

图2.5-1 【放置墙体】对话框

墙体的类型共分为两大类：第一类为"外墙"，第二类为"内墙"。对于不同类型的内墙与外墙，又可分别分为单层墙和复合墙两类，如图2.5-2所示。

注意：可以放置单层墙，也可以放置复合墙。复合墙是两个或更多个集合到一起且同时放置的单层墙的组合。

在设置墙体的几何参数后，需要对放置选项卡进行设置，具体说明如下：

①【放置方式】：有7种可用的放置方式，如图2.5-3所示。

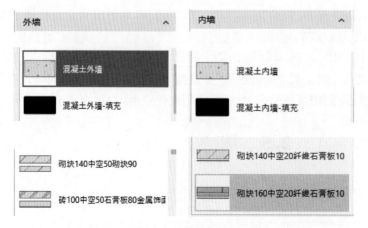

图2.5-2 墙体类型

图2.5-3 放置方式

- 【直线】:将墙类型设置为线性。通过两个点放置墙:起点、端点。
- 【弧-按圆心】:将墙类型设置为"弧-起点-中心-边"。通过三个点放置墙:终点、弧中心点和用于定义扫角的点。
- 【弧-按边】:将墙类型设置为"弧-起点-中点-边"。通过弧边上的三个点放置墙。
- 【曲线】:将墙类型设置为曲线。创建一个可包含不同曲线的分段多半径弯曲墙。曲线由放置在每条曲线的顶点处的数据点控制。构成曲线的线段的平滑度或数量由公差值控制。
- 【轴网】:设置沿选定网格元素放置墙。
- 【从元素】:设置从选定绘图元素放置墙。
- 【从空间】:设置围绕选定空间的边界放置墙。

②【公差】:通过确定构成曲线的线段数定义墙曲线的平滑度。公差值越小,创建的线段越多,生成的曲线越光滑;公差值越大,创建的线段越少,生成的曲线越粗糙。仅针对【曲线】墙放置选项启用。

③【墙体放置方位】:墙的放置方位可以为左侧、中心或右侧,预览图以红色箭头线反映所选的方位,如图 2.5-4 所示。

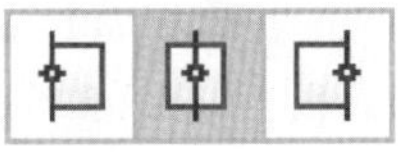

④【侧面偏移】:平行于由两个放置数据点定义的线的墙段设置基于数据点定义的线的偏移距离和方向。要设置方向,可使用左/右选项菜单;或将【左对齐偏移】设置为正值并将【右对齐偏移】设置为负值。

图 2.5-4 放置方位

⑤【方向】:设置墙的拉伸方向。子选项包括【左对齐】、【右对齐】、【左】、【右】。

⑥【底部偏移】:设置激活楼层高程与待放置项目(通常为底表面)高程之间的 Z 轴距离。底部偏移可以为负值。

⑦【偏移倾角】:用于更改墙的默认拉伸方向。

⑧【闭合墙】:启用此项后,单击【重置】时,将在第一个墙的起点和最后一个墙的终点之间添加墙,从而形成一个闭合区域。仅针对【直线】墙放置选项启用。

⑨【自动连接】:启用此项后,会在放置期间修剪并清除墙交点和墙端点。该实用工具用于识别与其他墙、其他组件和元素(正方形柱和轴网线等)的相交情况。针对线性和弧墙放置选项启用。

⑩【翻转墙】:启用此项后,在放置期间各墙段将沿放置线翻转至相反方位(对于当前激活墙的放置模式)。复合墙门窗扇也会翻转到墙的反面。针对线性和弧墙放置选项启用。

通过设置【放置墙体】对话框可以简单、方便地完成墙的放置过程。完成墙的相关设置(墙的类型、放置选项、顶部选项、侧面偏移、底部偏移和数据属性)后,只需在模型中想要放置墙的位置输入一个数据点(左键单击),然后输入另一个数据点来定义墙的末端位置。使用其他数据点能够拉伸墙或创建交角,同时自动在交角处连接和斜接已创建好的墙、门、窗、扇。要终止墙的放置,请在最后输入的数据点处右键单击。

2.5.2 连接墙

点击【修改】→【连接墙】,使用【连接墙】工具修改墙、轮廓和线性结构构件以及它们之间的连接,如图2.5-5所示。

图2.5-5 连接墙方式

图2.5-5中各图标从左至右依次为:

①【按T形连接形体】:将线性构件或弧形构件延伸或缩短到与另一构件的交点。

②【按L形(平行线)连接形体】:在两个构件(构件可以是线性构件,也可以是弧形构件)之间创建角节点,延伸第一个构件的端点,使其与第二个构件的边平行。

③【按对角L连接形体】:将两个线性构件延伸或缩短到其交点,并在这两个构件之间创建斜接角节点。

④【按十字连接两个构件】:通过交叉节点连接两个相交的线性构件。

⑤【空隙】:选择【按对角L连接形体】时可用。如果设置为除0.0之外的值,则定义在要连接的构件之间放置的间隙大小;如果设置为0.0则节点处不会形成任何间隙。

2.5.3 修改墙

【修改墙】工具用于修改墙构件的高度、宽度以及拉伸构件。可以在【修改】中选择【修改墙】,见图2.5-6。

点击【修改墙】工具,将弹出【修改构件高度(按点)】对话框,上方的按钮从左至右依次为修改墙的高度、修改墙的底部、修改墙的宽度、延伸直线墙,如图2.5-7所示。

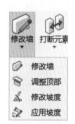
图2.5-6 选择【修改墙】

图2.5-7 【修改构件高度(按点)】对话框

修改方法有:

①【添加距离】:当模式为【绝对】时,按高度设置拉伸构件;当模式为【相对】时,按距离设置拉伸构件;当模式为【按点】时,按数据点拉伸构件。

②【到假想线】:将构件拉伸到由2个数据点定义的假想平面。

③【到构件或形状】:将线性构件拉伸到选定形状或构件。

④【到平面(3)点】:将构件拉伸到由3个数据点定义的平面。

修改模式有:

①【绝对】:修改从构件基线开始测量的构件高度以匹配高度设置。在构件底面上方采用正值修改构件高度,在构件底面下方采用负值修改构件高度。

②【相对】:相对于现有构件高度,修改构件高度以匹配距离设置。正值增大构件高度,负值减小构件高度。

③【按点】:将构件高度修改为数据点条目定义的高度。

2.5.4 打断元素/连接元素

图 2.5-8 打断元素

【打断元素】用于将现有墙打断为独立的墙段或者结构与设备构件,如图 2.5-8 所示。

【连接元素】用于连接两个或多个现有直线墙以创建单一墙,会在延伸自选定的第一面墙的线上创建新墙,第一面墙的属性会传递到所标识的第二面墙。

2.5.5 更改墙的类型

可使用位于【修改】功能区中的【修改属性】工具( )修改墙的类型,如图 2.5-9 所示。具体操作如下:

①选择【修改属性】工具。
②单击要编辑的墙。
③从目录项中选择一个新的墙类型。
④在要更改的属性的【应用/编辑】字段中放置一个选中标记。
⑤单击视图以更新选定的墙。

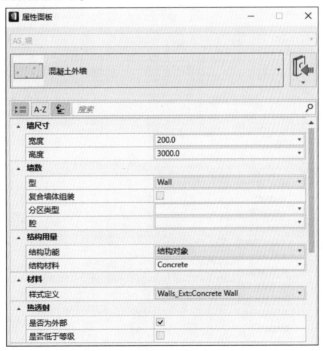

图 2.5-9 修改单一墙体属性

注意:选择【全部选取】可将墙的所有值更新至所选的新墙类型。

要修改多面墙,步骤如下:
①选中要修改的多面墙体。
②选择【修改属性】工具。

图2.5-10 创建选择集

③将【选择建筑组件】对话框中【对象类型】选择为【墙体结构】,将【对象名称】选择为【全部】(图2.5-10)。

④从【目录选择】中选择一个新的墙类型。

⑤在要更改的属性的【应用/编辑】字段中放置一个选中标记。

⑥单击视图以更新选定的墙。

2.6 幕　　墙

幕墙为没有结构支撑的外墙。放置幕墙的方式与放置建筑墙的方式大同小异,可以在【建筑设计】功能区下【放置建筑元素】组中找到【幕墙】工具,点击【幕墙】工具,弹出【放置幕墙】对话框,如图2.6-1所示。

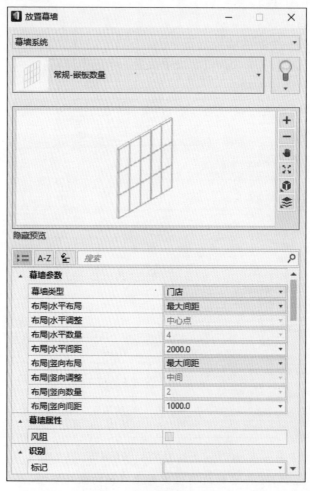

图2.6-1 【放置幕墙】对话框

可以在幕墙目录中选择幕墙类型,然后设置其水平布局、水平数量、竖向布局、竖向数量以及间距等。放置方式方面可参考2.5.1节的详细介绍。

2.7 门 和 窗

2.7.1 放置门

【放置门】工具可放置和修改门、门框,更改门的开启方向、门把手。可通过点击【建筑设计】功能区→【放置建筑元素】组→【门】,访问【放置门对象】对话框。

【放置门对象】对话框中包含一个门预览图和几个用于指定门相关值的属性。在【门预览】窗格上右键单击可以查看显示选项,如图2.7-1所示。

可以在目录类型选择栏选择要放置的墙体类型(图2.7-2),门对象的参数如下:

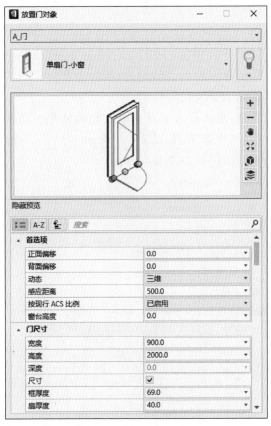
图2.7-1 【放置门对象】对话框

图2.7-2 门对象目录类型

①【首选项】有以下几种:
- 【正面偏移】:将门/窗框的正面从选定的离框的正面最近的墙外表面偏移。
- 【背面偏移】:将门/窗框的背面从选定的离框的背面最近的墙外表面偏移。
- 【动态】:定义放置过程中门/窗的显示方式。【二维】表示仅显示门/窗平面图的符号图形。【三维】表示在放置过程中显示平面图符号和模型几何图形。
- 【感应距离】:设置与搜索门/窗的墙体的距离。
- 【按现行 ACS 比例】:若状态为已启用,那么在进行放置操作时,窗台/门楣高度会相对于激活楼层高程进行调整。在关闭了 ACS 平面与 ACS 平面捕捉锁的模型中,窗台/门楣高度会相对于激活深度进行调整。

- 【窗台高度】:从激活楼层偏移窗台/门楣。

②【门参数】有以下几种:

- 【宽度】:设置门的宽度,从而设置所选墙体中剪切块的宽度。
- 【高度】:设置门的高度,从而设置所选墙体中剪切块的高度。
- 【深度】:设置框架的深度。激活框架深度与墙体匹配后,此处输入的值将添加到门框中。
- 【框厚度】:设置门框外壳宽度。
- 【扇厚度】:设置门扇厚度。

其他参数可以自定义输入,这里不做过多介绍。

放置门的步骤如下:

①选择【放置门对象】工具。

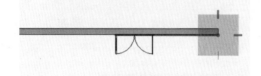

图 2.7-3　精确绘图功能

②选择门的类型和值,包括放置点。

③标识要放置门的墙。

注意:原点将自动放置在最近的墙尾。使用【精确绘图】确定距离,如图 2.7-3 所示。

④标识门的内外开启方向。

2.7.2　放置窗户

【放置窗户】对话框与【放置门对象】对话框类似。它可以通过点击【建筑设计】功能区→【放置建筑元素】组→【窗】来访问。

【放置窗户】对话框的参数可以参照【放置门对象】相关参数的介绍;【放置窗户】对话框特有的属性为【窗台高度】,它用于设置当前楼层高度与放置项高度之间的 Z 轴距离,如图 2.7-4 所示。

提示:放置窗对象时,窗台与窗框的高度相对于当前楼层高度进行调整。

注意:某些窗对象还具有尺寸标注设置,用于更改窗格条厚度和间距。

2.7.3　修改门和窗

门对象放置完毕后,可通过更改相关参数(如【修改把手】和【修改开启方向】)对其进行修改。可以在【修改】功能区下找到【修改】,然后点击【修改把手】或【修改开启方向】,如图 2.7-5 所示。

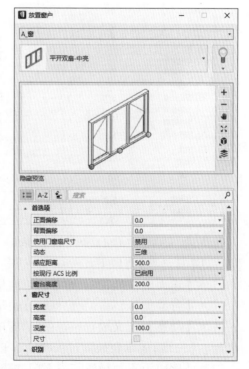

图 2.7-4　窗台高度调整

第 2 章 建筑模块

图 2.7-5　修改门属性

对于窗对象和门对象，都可以利用属性信息进行修改。点击【修改属性】工具，点击要修改的门对象或窗对象，然后在属性信息中进行修改，如图 2.7-6 所示。

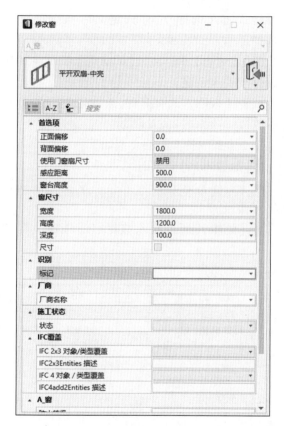

图 2.7-6　修改门与窗的属性

2.8　板

板工具用于构造和放置板。要创建并放置板，可通过输入数据点来定义外周长（边界方法），或通过泛填选定形状（泛填方法），或通过拉伸形状（从形状方法），或通过选择支撑结构构件来确定形状（从结构构件方法）。可以点击【建筑设计】功能区→【放置建筑元素】组→【板】，访问【放置板对象】对话框（图 2.8-1）。

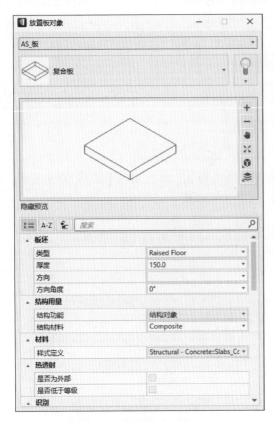

图 2.8-1 【放置板对象】对话框

板对象的主要属性如下：

①【类型】：通过类型属性下拉列表设置楼板类型。

②【厚度】：指定板的厚度（或高度）。

③【方向】：从板方向属性下拉列表中选择板从要创建的元素/平面中拉伸构造的方向。

④【结构功能】：设置结构构件的用途类型。提供【结构对象】和【非结构对象】两个选项。

⑤【结构材料】：显示结构构件的材质属性。

⑥【材料】：列出样式定义单击样式定义可打开样式定义选项框，样式定义可从选项菜单中选择。

⑦【热透射】、【声学】、【耐火性】等属性参数可自行按要求设定。

放置楼板的方式有多种，放置依据同样有不同。放置选项如图 2.8-2 所示。

图 2.8-2 中各参数的介绍如下：

①【放置方式】有以下 4 种：

- 【边界】：通过输入数据点定义外部周长来创建楼板。

- 【泛填】：通过输入数据点泛填定义区域来创建楼板。

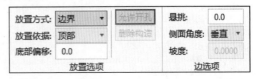

图 2.8-2 放置选项

- 【形状】：通过选择多边形来创建楼板。楼板从多边形中挤压出。

- 【结构构件】：通过选择能够确定楼板形状的支撑结构构件来创建楼板。

②【放置依据】有以下 2 种：

- 【顶部】：从顶部放置板。

- 【底部】：从底部放置板。

③【底部偏移】：设置从激活 ACS 到楼板顶部的 Z 轴距离。

④【允许开孔】：启用此项后，将围绕泛填区域内的柱和其他构件拉伸板，从而创建柱和其他构件所在的孔。仅针对【泛填】放置方式选项启用。

⑤【删除构造】：启用此项后，将删除用于拉伸构造板构件的元素形状。仅针对【形状】放置方式选项启用。

⑥【边选项】有以下 3 种：

- 【悬挑】：设置板相对于放置边界伸出或缩进的距离。如果值为正，板将延伸出放置边界；如果值为负，板将向放置边界内缩进。

- 【侧面角度】：控制板边的角度。

- 【斜率】：设置板边面的角度。仅在选择【侧面角度】→【角度】后启用。

设置相应参数信息，选择放置方式后，就可以将楼板等构件放置于项目构件中，如图 2.8-3 所示。

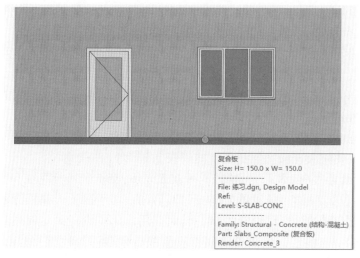

图 2.8-3　楼板放置项目中

2.9　天花板工具

2.9.1　天花板轴网

【天花板轴网】工具用于在 DGN 模型中放置区域天花板、线性天花板和图案填充天花板。空间和闭合形状用于定义天花板的形状。点击【建筑设计】功能区→【放置建筑元素】组→【天花板轴网】，将弹出【放置天花】对话框，如图 2.9-1 所示。

【放置天花】对话框的具体参数如下：

①【天花板类型】

【轴网】：适用于放置构造方法为平铺类型的方格天花板轴网。当放置方式选择为【轴网】时，其放置方法分为 3 类，分别是：

● 【中心平铺】：将天花板的中心（和天花板平铺的中心）放置在选定空间区域的中心（几何质心处），然后使用天花板泛填其余空间。

● 【中心交角】：将四个相邻天花板部分的角点放置在选定空间区域的中心（几何质心处），然后使用天花板泛填其余空间。

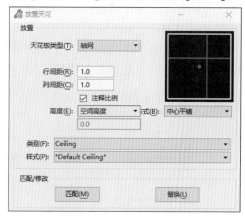

图 2.9-1　【放置天花】对话框

● 【按点】：锚定天花板的一个交角，然后通过数据点将其放置于选定空间区域的任意位置。天花板会在放置期间自动连接至光标。

【线性】：适用于放置由线性木质和金属结构构造的线性天花板。当放置方式选择为【线性】时，其放置方法分为 3 类，分别是：

- 【中心面板】:将线性轴网结构元素的中心放置在选定空间区域的中心(几何质心),然后使用线性轴网泛填其余空间。
- 【中心间距】:将线性轴网区域(两个轴网结构元素之间的间距)的中心放置在选定空间区域的中心(几何质心),然后使用线性轴网泛填其余空间。
- 【按点】:锚定线性轴网结构的边,然后通过数据点将其放置于选定空间区域的任意位置。条带边会在放置期间动态连接到指针。

【图案化】:适用于放置用灰浆和石膏构造的图案填充天花板。当放置方式选择为【图案化】时,有两个属性选项:

- 【整个天花板】:使用天花板图案泛填整个空间区域。
- 【周长】:仅使用天花板图案泛填空间周长。

注意:根据从放置选项(方式)菜单选择的放置方法,显示激活天花板和指针方位(红点)。

②【行间距】:【天花板类型】设置为【轴网】时启用。用于设置天花板行之间的间距。

③【列间距】:【天花板类型】设置为【轴网】时启用。用于设置天花板列之间的间距。

④【注释比例】:启用此项后,放置期间将应用激活模型注释比例;禁用此项后,将忽略注释比例。

⑤【高度】:设置天花板高程模式,分为以下 4 类:

- 【空间高度】:将天花板放置在空间高度处,或使用非空间周长的高程。
- 【激活深度】:将天花板放置在激活深度高程处。
- 【用户定义】:将天花板放置在用户定义的高程处。
- 【激活楼层/参考平面】:根据【楼层管理器】中的定义,将天花板放置在激活楼层参考平面或 ACS 上。

⑥【类别】:设置激活类别(这里只能选择激活类别为【天花】)。

⑦【样式】:设置激活样式。数据集样式仅用于设置天花板的线符(层、颜色、线型和线宽),如图 2.9-2 所示。

⑧【匹配/修改】:用于匹配、替换和修改天花板的设置。

按照图 2.9-3 进行参数设置,之后可以将天花板轴网放置于实际项目中,见图 2.9-4。

图 2.9-2 样式名称

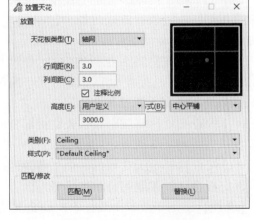

图 2.9-3 放置天花板的参数设置

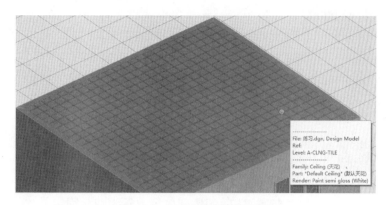

图 2.9-4　天花板轴网放置于项目

2.9.2　天花板形体

【天花板形体】工具可在模型中选择用于创建和放置天花板的区域。点击【天花板形体】后将打开【泛填创建天花板】对话框（图 2.9-5），设置天花板形体的【高度】、【偏移】，便可以完成放置天花板形体的操作。【高度】是天花板形体的厚度，其默认值为 13mm。【偏移】是相对于楼层 ACS 坐标的偏移，也就是天花板形体的高程。完成设置后，天花板形体将放置于项目中，如图 2.9-6 所示。若勾选【允许开洞】，那么在放置楼板并开洞的过程中，如果在开洞影响范围内将允许开洞。

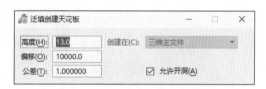

图 2.9-5　【泛填创建天花板】对话框

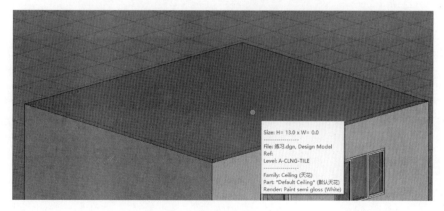

图 2.9-6　天花板形体放置于项目

2.9.3　天花板对象

【天花板对象】用于在反射的天花板轴网中放置天花板固定件。固定件在放置期间动态显示,并且可通过数据点放置在任何位置。其放置方式有3种,分别为【天花板对象-单个】、【天花板对象-多个】、【天花板对象-阵列】。由于放置方式及参数设置大体相同,我们以【天花板对象-当个】的操作为例。

点击【天花板对象-单个】命令时,将弹出【放置单一设施】对话框,如图2.9-7所示。具体参数如下:

①【放置方式】选项

- 【点】:在由数据点标识的点(选定天花板轴网中的任意位置)上放置天花板固定件(单元原点)。
- 【两点】:在由数据点标识的两个点(选定天花板轴网中的任意位置)之间的中间位置放置天花板固定件(单元原点)。
- 【参考】:在与参考点相距指定距离处放置天花板固定件(单元原点)。实质上,天花板固定件将按指定距离附加到参考点。附加天花板轴网将按相对于激活参考点的激活距离放置。

图2.9-7 【放置单一设施】对话框

②【距离】:当【放置方式】设置为【参考】时启用。设置相对于激活参考点的天花板轴网放置距离。

③【偏移】:设置每个天花板固定件放置点偏移模式。偏移模式会导致放置点(由指针控制)的位置发生变化。偏移不会改变单元原点的位置(在所有情况下保持不变)。

当完成参数设置后,便可以将单个天花板对象放置于项目中,如图2.9-8所示。

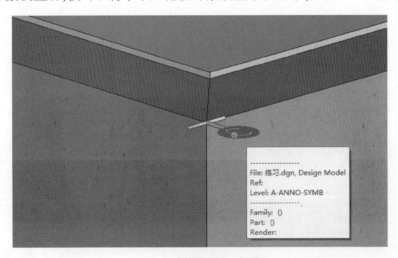

图2.9-8 单个天花板对象

2.10 屋　　顶

屋顶工具用于创建表示常见屋顶形状的三维实体,包括倾斜的屋顶、折线形屋顶、复折式屋顶、四坡屋顶、单坡屋顶和轮廓屋顶。屋顶相当于包含三维实体的包层。点击【建筑设计】功能区→【放置建筑元素】组→【屋顶】,将弹出【放置屋顶】对话框(图2.10-1)。

屋顶放置选项见图2.10-2。

图 2.10-1 【放置屋顶】对话框

图 2.10-2 屋顶放置选项

①【山墙式】:放置倾斜的屋顶、山墙屋顶、蝶形屋顶、四坡屋顶和单坡屋顶。

②【复斜式】:放置复折式屋顶和折线形屋顶。

③【曲线式】:放置曲线屋顶。弯曲屋顶由具有轮廓的实体组成;通常为曲线、弧或圆形。使用此屋顶类型可创建入口上方的护顶或使用多条复杂的 B 样条曲线创建的屋顶。将沿着由一个或多个线段(直线或曲线)构成的路径拉伸轮廓。

④【删除构造】:启用此项后,将在放置屋顶时删除用于创建屋顶迹线的形状。

在选择屋顶类型并完成相关参数设置后,便可以将屋顶放置于项目中,如图 2.10-3 所示。对于墙体的延伸命令,参照【修改墙】工具。

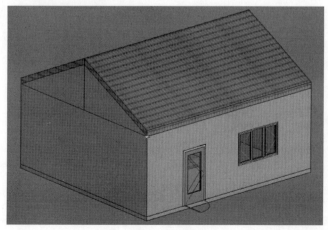

图 2.10-3 将屋顶放置于项目

2.11 装 饰 条

装饰条工具用于放置线性、弧、曲线和按路径装饰条组件,例如建筑装饰。装饰条由点定义,包括起点和中心点;对于弧和弯曲装饰条,还包括终点。将沿由连续数据点绘制的路径来拉伸装饰条。可借助编辑图柄操作装饰条路径。数据组系统支持使用此工具放置的所有路径类型。放置时,目录数据将应用于装饰条。点击【建筑设计】功能区→【放置建筑元素】组→【装饰条】,将弹出【放置装饰条】对话框(图2.11-1)。

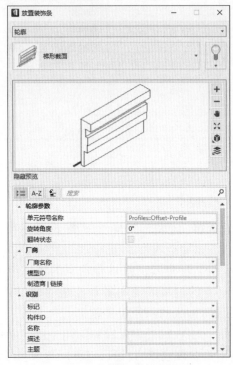

图 2.11-1 【放置装饰条】对话框

可以在装饰条目录选择器下选择想要放置的装饰条类型。对于放置参数,此处不做过多介绍,可参考其他章节关于放置参数的介绍。这里简单地以梯形装饰条为例,放置于项目中,如图 2.11-2 所示。

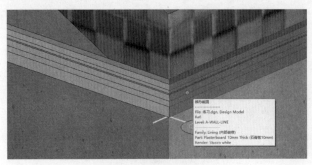

图 2.11-2 将装饰条放置于项目中

2.12 构 件

【构件】工具用于放置用户定义的目录项,包括电梯门、扶梯、消防设施、家具、附属对象、爬梯、百叶窗、水管固定件、坡道、屋顶附件、搁架、卫生设施和卫生隔板等。还可使用【复合单元管理器】创建和放置复合单元。点击【建筑设计】功能区→【放置建筑元素】组→【构件】,将弹出【自定义对象】对话框(图 2.12-1)。同样【放置孔洞】也是放置对象工具之一,用于放置墙或板的开洞。

图 2.12-1 放置自定义对象

放置构件时,需要设定不同构件的参数。例如:选择放置底板对象,则需要设置的参数为【感应距离】、【地板高】、【板厚度】等。对于不同构件的参数不一一罗列,可自行根据其定义设置相应参数以符合放置构件的要求。下面简单以几个构件为例,演示放置不同类型的构件。

【卫生洁具】工具用于放置水槽、马桶、小便池、淋浴间、浴盆、漱洗盆及其他洁具固定件,如图 2.12-2 所示。

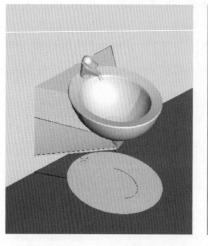

图 2.12-2 放置洁具

为正确放置固定件,需要标识要放置固定件的那面墙。通过【精确绘图】罗盘将原点移到距离数据点最近的墙尾,使用【精确绘图】输入到原点的精确距离。

注意:可为壁挂式固定件输入【底部偏移】值。

【卫生间隔板】工具用于放置由可丽耐、大理石、金属、酚醛树脂、层压塑料、固态塑料和不锈钢制成的卫生间隔断,如图 2.12-3 所示。

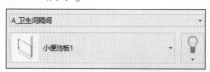
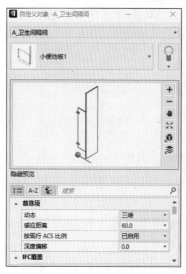
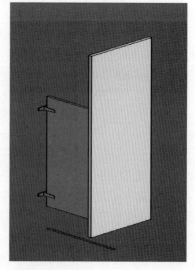

图 2.12-3 放置卫生间隔板

【卫生间设施】工具用于放置干手器、镜子、纸巾盒、垃圾桶及其他卫生设施,如图 2.12-4 所示。

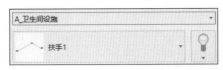

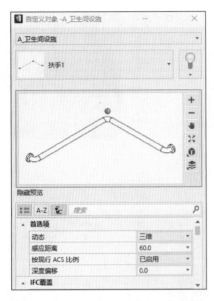
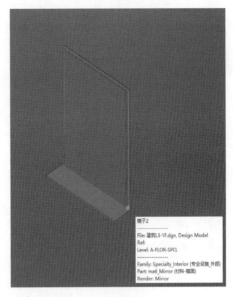

图 2.12-4　放置卫生间设施

注意:必须对放置卫生设施的那面墙加以标识。

提示:可为壁挂式设施输入【底部偏移】值。

【梯子】工具用于放置爬梯,以便能到达顶层屋顶入口,如图 2.12-5 所示。

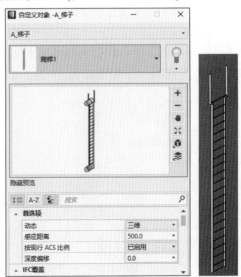

图 2.12-5　放置爬梯

注意:【爬梯】提供了6个【放置点】选项,其中绿色的点表示激活的放置点。

【自动扶梯】工具用于放置扶梯和自动人行道,如图2.12-6所示。

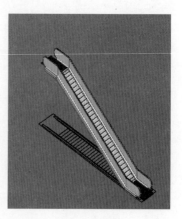

图2.12-6　放置扶梯

【电梯门】工具用于放置升降门和呼叫按钮,如图2.12-7所示。

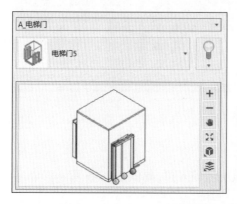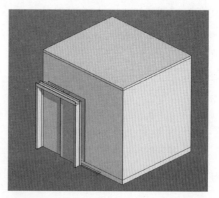

图2.12-7　放置电梯门

注意:必须对放置呼叫按钮的那面墙加以标识。

【百叶窗】工具用于放置百叶窗,如图2.12-8所示。

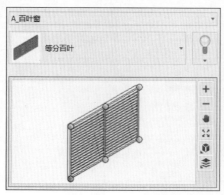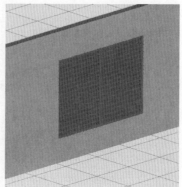

图2.12-8　放置百叶窗

注意：必须对放置百叶窗的那面墙加以标识。

提示：可针对百叶窗输入【底部偏移】值。

【屋顶设施】工具用于放置矩形/圆形落水管以及角形/直形排水槽，如图 2.12-9 所示。

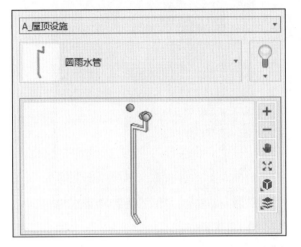

图 2.12-9　放置屋顶设施

用户定义的项(如落水管)放置完成后，可以将其选中，然后使用图柄进行进一步编辑。

【孔洞】工具用于在墙、板和地板内放置矩形和圆形孔，如图 2.12-10 所示。

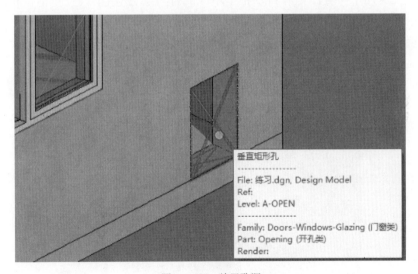

图 2.12-10　放置孔洞

2.13　橱　　柜

【橱柜】工具用于放置高柜、壁柜和矮柜。这些组件将作为参数化模型和复合单元放置。该工具可通过点击【建筑设计】功能区→【放置建筑元素】组→【橱柜】进行访问，如图 2.13-1 所示。

| OpenBuildings Designer CONNECT Edition 应用教程

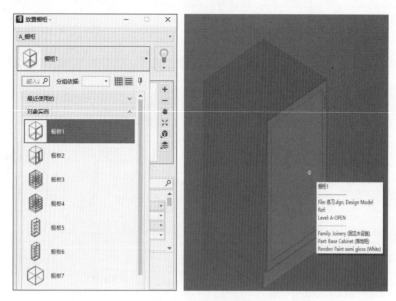

图 2.13-1　放置橱柜

2.14　连 续 橱 柜

连续橱柜工具用于布置橱柜和特定柜子单元的行与层,还用于放置与柜子相关的项,如台面、底板和踢板等。连续橱柜由具有复合部件定义的直线形体组成。

【放置连续橱柜】对话框(图2.14-1)中包含以下设置:

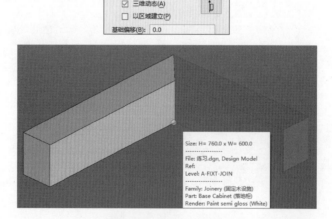

图 2.14-1　放置连续橱柜

①【三维动态】:启用此项后,在放置期间三维搁板会动态附加到指针十字光标。

②【以区域建立】:启用此项后,按【重置】按钮时,将在橱柜第一段的起点与橱柜最后一段的终点之间添加搁板。

③【基础偏移】:设置激活楼层高程与待放置项目(通常为底表面)高程之间的 Z 轴距离。【底部偏移】可以为负值。注意:【底部偏移】是相对于放置对象时的激活楼层高程的

值。对于【ACS平面锁】和【ACS平面捕捉锁】关闭的实例,【底部偏移】是相对于【激活深度】的值。

④【放置】图标:设置搁板相对于用于放置橱柜的数据点的位置。

2.15 楼梯与栏杆

楼梯和栏杆工具用于放置与建筑楼层之间的移动相关的建筑组件(例如楼梯、扶手以及用户定义的对象,包括爬梯、坡道、扶梯、电梯井和门)。

2.15.1 楼梯

可点击【建筑设计】功能区→【放置建筑元素】组→【楼梯】来访问【放置楼梯】对话框(图2.15-1)。

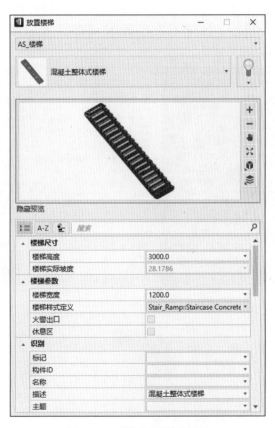

图 2.15-1 【放置楼梯】对话框

【放置楼梯】的放置选项见图2.15-2。

楼梯对齐方式可参考图2.15-3。

楼梯类型主要包括:直梯、两个梯段的楼梯、直角转弯楼梯、半转楼梯、两个直角转弯楼梯、三个直角转弯楼梯、直角转弯斜踏步楼梯、半转斜踏步楼梯、两个直角转弯斜踏步楼梯、螺旋楼梯。

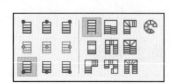 

图 2.15-2　楼梯类型与楼梯对齐方式　　图 2.15-3　楼梯对齐方式

楼梯材质有：混凝土楼梯、钢结构楼梯、木楼梯、钢梯等。对于不同材质、不同类型的楼梯，须进行不同的参数设置，但是整体参数设置大同小异。当放置某个楼梯到项目中时，如果发现其参数不符合要求，可以选中楼梯，然后打开【修改属性】对话框，找到【加载楼梯设置】选项，可对楼梯进行整体初始化设计。可调节参数包括：楼梯高度、楼梯宽度、踏步高度、踏步深度、踏板数量等，如图 2.15-4 所示。

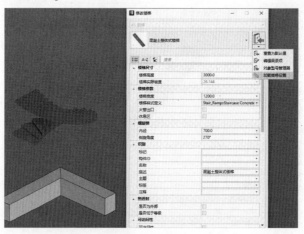

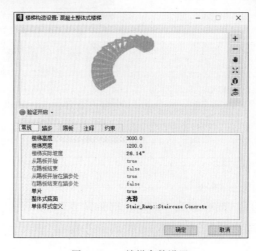

图 2.15-4　楼梯参数设置

2.15.2 栏杆

可点击【建筑设计】功能区→【放置建筑元素】组→【栏杆】,打开【放置栏杆】对话框(图2.15-5)。

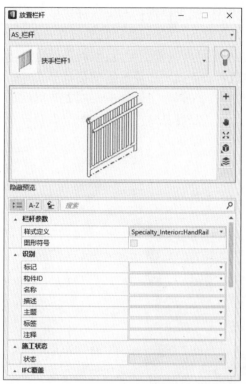

图 2.15-5 【放置栏杆】对话框

这里对栏杆组件进行介绍,如图 2.15-6 所示,图中各部分为:

图 2.15-6 栏杆组件

1,2,3,4——杆:栏杆的主要垂直元素,用于将组合件连接到楼梯或地板。支柱通常以中心间距模式重复。

5——护栏:最上方的横杆,通常安装高度为107cm。在美国,任意类型的楼层孔洞上都需要护栏。

6——扶手:横杆,通常安装在与墙相距5cm的位置,供从栏杆旁走过的人员抓握。扶手的高度是从地板到栏杆顶部垂直测量的。对于与楼梯连接的扶手,高度是从楼梯的前边到栏杆顶部的垂直距离。

7——安装托架:用于将扶手连接到墙或支柱的配件。

8——下横杆:最底部的横杆,通过栏杆柱与上横杆连接。

9——栏杆的次要垂直元素,用于将不同的横杆连接在一起。这些栏杆柱通常位于中心放置。可将横向栏杆自顶点连接至栏杆底部的终点,同时还可用来创建自定义垂直装饰构件。

同样,可以在栏杆的类型列表下找到想要放置的栏杆形式。在放置方式方面,能够看到其放置方式类似于墙体的放置方式,可以参考墙体的绘制方式对栏杆进行放置。以【从楼梯】为放置方式,以线条居中为切入点,放置【扶手栏杆3】,如图2.15-7所示。

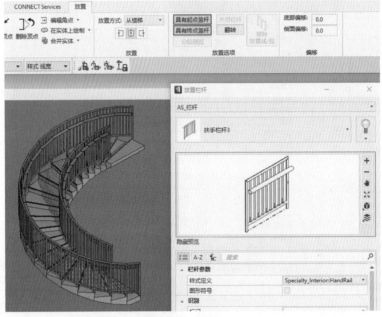

图2.15-7　放置栏杆

【提取栏杆线】命令主要提取对象为楼梯(图2.15-8)。此外,还可以通过绘制曲线来生成栏杆线,然后通过【从线】的放置方式,将栏杆放置于楼梯上。

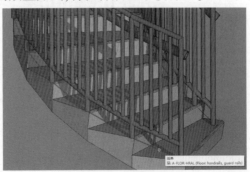

图2.15-8　提取栏杆线

第3章 结构设计模块

结构设计领域具有以下功能:提供先进的计算机辅助工程设计工具集,该工具集可生成包含分析信息的三维模型;自动生成施工图;为各种建筑和工厂设施中的结构系统提供强大的报告功能。通过提供智能结构元素(如钢柱、板梁、混凝土梁、木立柱、托梁和桁架)和其他结构组件,结构设计模块可解决设计过程中结构工程方面的各种问题。可以修改现有结构组件类型及其实例,并使用数据组系统工具来定义新的结构组件类型;还可以自定义现有或新的结构组件,以及更改它们的显示方式,以符合特定的绘制风格、演示标准或个人偏好。

与每个结构构件相关联的结构数据通过【数据组系统】工具进行管理。在结构模型设计期间,可以单独或全局更改组件的数据组数据。使用 Bentley Structural Synchronizer（ISM）的导入/导出工具,在结构模块设计与分析程序(例如 RAM Structural System 和 STAAD.Pro)之间交换数据期间,也可以使用数据组数据。结构设计模块可以在放置实体构件的同时创建分析数据。也就是说,在放置将要分析的构件(钢柱、梁等)时,可以绘制分析构件。由于在创建设计时会自动创建分析数据,因此,无须重新创建工作来导出或交换分析数据,可以将分析数据导出到程序,让程序自行分析,然后再将结果导入结构设计模块中。之后,用户可以接受或拒绝分析程序建议更改的内容。

3.1 柱 网

柱网工具可管理网格的创建,可向建筑的特定楼层或楼层范围应用过渡轴网系统(正交、径向和草绘轴网)中的多个轴网。【轴网系统】窗口用于添加、复制和移除轴网、插入轴网线、操作轴网线间距、旋转轴网以及设置轴网线线符和其他首选项。此外,还可以在过渡工作环境模式下管理草绘轴网,以及创建、操作不会限制正交或径向轴网系统的传统定义的草绘轴网线。可在【结构设计】功能区→【放置结构元素】组中选择【网格】,如图 3.1-1 所示。【轴网系统】窗口(图 3.1-2)由【轴网系统设置】和【轴网线设置】两部分组成。与柱网有关的参数设置可参考 2.3 节。

图 3.1-1 添加柱网

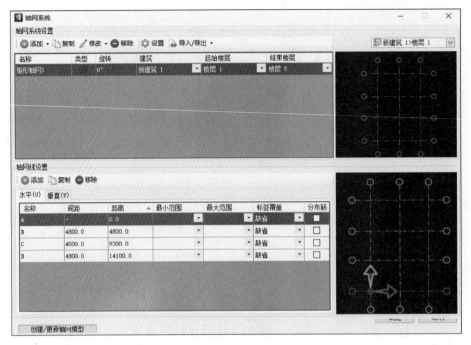

图 3.1-2 【轴网系统】窗口

3.2 钢 构 件

3.2.1 钢柱

可点击【结构设计】功能区→【放置结构元素】组→【柱】,选择【钢柱】工具以放置钢柱,如图 3.2-1 所示。

【钢柱】工具中包含多种不同类型的钢柱,如图 3.2-2 所示。可根据不同需求放置不同类型的钢柱。打开【放置柱】对话框的同时,可看到放置选项如图 3.2-3 所示。具体参数如下:

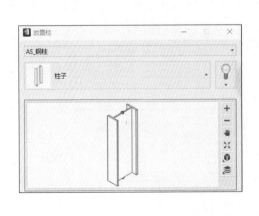

图 3.2-1 放置钢柱

图 3.2-2 钢柱类型

图 3.2-3　放置选项

①【放置选项】组：通过从下拉列表项中选择,定义基线相对于构件剖面的位置。当选择放置图标时,连接点会在指针上动态更新,如图 3.2-4 所示。

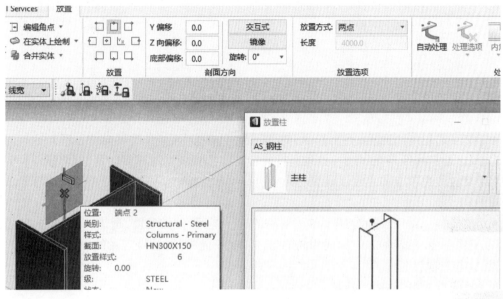

图 3.2-4　放置连接点

②【剖面方向】组：

• 【Y 偏移】/【Z 向偏移】：Y 轴方向或 Z 轴方向相对于剖切面放置点的偏移距离。当输入偏移值时,连接点会在指针上动态更新,如图 3.2-5 所示。

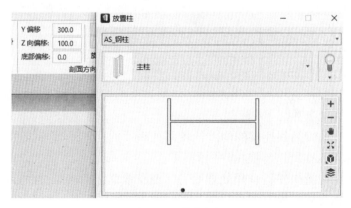

图 3.2-5　偏移方向

• 【底部偏移】：钢柱底高程相对于放置点方位上的偏移。当输入偏移值时,连接点会在指针上动态更新。

- 【旋转角度】:直接键入或从介于-180°到+180°的角度下拉列表中选择。当输入偏移值时,连接点会在指针上动态更新,如图3.2-6所示。

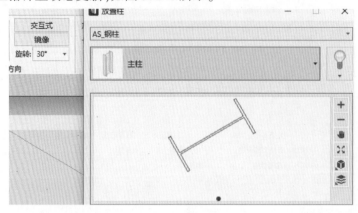

图3.2-6 旋转角度

- 【交互式】:启用此项(突出显示)时,需要额外的数据点以放置构件。当光标在屏幕上移动时,构件看起来像是在围绕构件线进行旋转。根据输入点计算旋转角,并以该角度创建构件。上下文放置选项卡的设置以计算的角度进行更新,交互选项禁用,以相同的旋转角放置下一个构件。
- 【镜像】:通常用于轴对其Y轴不对称的构件剖面(例如角度、通道或Z形)。启用此项后,将以镜像图像/翻转的方位构建相同的构件。禁用此项后,已经应用的镜像将被删除。

③【放置选项】组:

- 【放置方式】包括以下几种:
  - 【两点】:首尾的数据点是必需的。放置线性构件(如梁和水平支撑)时,会自动选择此选项。
  - 【端点1|2|中点处长度】:单个数据点定义了构件的位置,且输入的值决定了构件的长度。选择三个长度选项中的任意一个时,将启用【放置方式】设置下的【长度】字段。
  - 【选择路径】:沿现有路径元素放置构件。围栅和选择集内容附有额外的提示。以下元素有效:线、线串、形状、弧、复杂串、复杂形状、曲线、B样条曲线。
- 【长度】:用于输入各种放置方式的值。

④【处理选项】组:

- 【自动处理】:启用此项后,当钢构件连接到其他钢构件时,将启动自动处理。禁用此项后,处理选项和【内角】选项也会被禁用。
- 【处理到通过精确捕捉连接的构件】:使用处理后的已经设置翼缘净间距、腹板间隙、内角和半径角将构件安装在所选连接构件周围。
- 【处理到任何碰撞构件】:使用处理后的已经设置翼缘净间距、腹板间隙、内角和半径角将构件放置在临近构件端的所有构件周围。
- 【处理垂直于构件线】:将连接构件上的端面处理成与构件中心线垂直。
- 【模式】包括:
  - 【最小间隙】:如果距离大于平面剪切间隙值,则从连接构件的中心线往回修剪构件。

○【绝对间隙】:通过平面剪切间隙值,从连接构件的中心线往回修剪构件。
- 【平面剪切间隙】:设置两个连接构件的平面之间的间隙。
- 【内角】:在处理的内角上创建间隙角。拆分按钮上列举了可用的类型:普通、圆角和导孔。
- 【翼缘净间距】:在放置的构件腹板与连接的构件翼缘(对于 I 梁)之间保持一定的距离。在可用的值字段中输入【间隙量】。
- 【腹板间隙】:在放置的构件腹板与连接的构件腹板之间保持一定的距离。在可用的值字段中输入【间隙量】。

3.2.2 钢梁

可点击【结构设计】功能区→【放置结构元素】组→【梁】,打开【放置梁】对话框,选择【钢梁】工具,放置钢横梁或其他主要结构钢构件,如图 3.2-7 所示。

放置钢梁的操作方式与放置钢柱的操作方式类似,其参数设置也与放置钢柱相同,详细操作可参考 3.2.1 节。

3.2.3 型钢组件

点击【型钢组件】下拉箭头,可以看到不同结构形式的型钢构件,如图 3.2-8 所示。

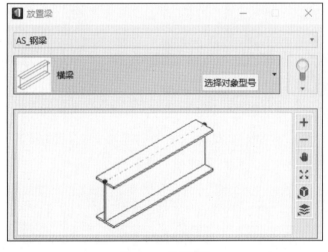

图 3.2-7 放置钢梁

图 3.2-8 型钢组件

选择【型钢组件】后将打开【在两者之间放置型钢构件组件】对话框,该工具用于在其他结构构件之间放置中间钢架构件。

【放置选项】工具框内 3 个属性参数的意义如下:

①【构件数量】:按照值字段中输入的构件数量,以相同的间距放置构件。

②【端点构件】:启用此项后,在端点处添加两个附加构件,用于连接支承构件的端点。

③【垂直于支持件】:启用此项后,构件与所选的第一个支承构件垂直放置。

按图 3.2-9 设置参数,点选两个次梁,那么在两个次梁之间将生成 4 个次梁。

OpenBuildings Designer CONNECT Edition 应用教程

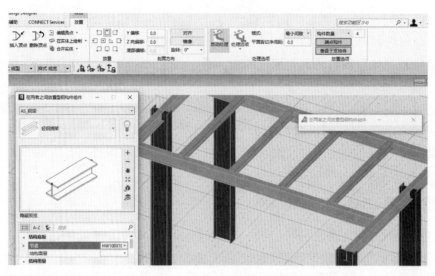

图 3.2-9　次梁

【型钢组件】工具内,其他结构构件放置方式与参数均和【在两者之间放置型钢构件组件】相似,这里不做过多说明。在【型钢组件】下拉列表的最下方是【放置建筑】,点击【放置建筑】后将弹出【放置钢架建筑】对话框(图 3.2-10),可以对其参数进行设置,包括底板、楼板、梁柱,目标位置等。设置参数后,点击【放置】按钮完成操作。

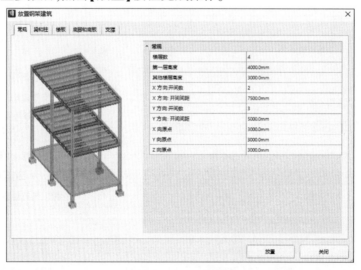

图 3.2-10　放置钢架建筑

3.2.4　型钢支撑

可点击【结构设计】功能区→【放置结构元素】组→【型钢支撑】,打开【型钢支撑】工具放置型钢支撑构件。(需要注意的是【型钢支撑】为系统命令),实际在操作过程中系统简化了【型钢支撑】工具而是利用包含不同结构形式的支撑方式表示工具命令,如 X 形钢支撑、K 形钢支撑、垂直钢支撑、水平钢支撑、钢复合板等。无论何种形式的钢支撑,其放置的方式以及参数均相同。这里以【X 形钢支撑】为例进行详细讲解,其他钢支撑结构形式参考此方法。

放置 X 形钢支撑时,其【放置选项】意义如下:

①【应用 WP 位移】:启用此项后,支撑端点作用点偏移。从可用的下拉列表中选择偏移方法。顶部边界构件同时也遵循便宜操作。

②【梁深度】:将支撑端点连接到顶部边界构件的底部。

③【1/2 梁深度】:将支撑端点连接到从顶部边界构件底部往上一半的位置。

图 3.2-11 中,左侧为未开启 WP 偏移、中间为 1/2 梁深度、右侧为梁深度。

图 3.2-11　放置 X 形钢支撑

④【提示选择底梁】:启用此项后,支撑连接到底部边界构件,而不是支柱的端点,如图 3.2-12 所示。

3.2.5　放置桁架

使用【放置桁架】工具可放置型钢桁架构件,包含不同结构形式的桁架,如【放置钢桁架】、【放置轻钢托梁】、【放置托梁】、【放置木桁架】。可点击【结构设计】功能区→【放置结构元素】组→【放置桁架】来放置不同结构形式的桁架结构。无论何种形式的桁架,其放置的方式以及参数均相同。这里以【放置钢桁架】为例进行详细讲解,其他结构形式的桁架的放置参考此方法。

图 3.2-12　提示选择底梁

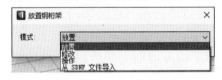

图 3.2-13　放置钢桁架

点击【放置桁架】时,将弹出【放置钢桁架】对话框,如图 3.2-13 所示。图中参数如下:

①【放置】:选定此项后,系统提示"输入桁架端点 1 的数据点"和"输入桁架端点 2 的数据点"。定义端点后,【放置钢桁架】对话框将打开,如图 3.2-14 所示。

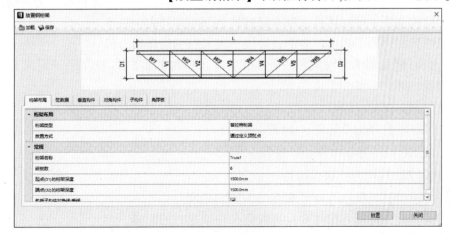

图 3.2-14　放置钢桁架

【放置钢桁架】对话框的说明如下：

①【加载】按钮：单击可检索包含预定义桁架设置的 XML 文件（默认为 SteelTrussSetting.xml）。

②【保存】按钮：将当前桁架设置保存到 XML 文件。

③【桁架布局】：可选桁架类型有普拉特桁架、豪威桁架、华伦桁架、反向华伦桁架、侧移框架。

④【常规】选项卡：可对桁架结构形式、尺寸进行更改。

⑤【弦数据】选项卡：包含用于定义桁架的弦数据（顶部和底部元素）的设置，如图 3.2-15 所示。

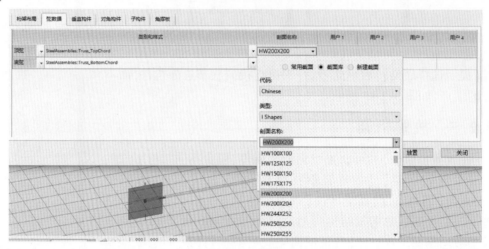

图 3.2-15　弦数据

- 【顶弦】、【底弦】：列出顶弦和底弦的默认标题。可以通过单击弦名称旁边的选择菜单将一个弦的属性复制到其他弦。
- 【类别和样式】：置顶弦和底弦的类别和样式。单击值字段旁的向下箭头，从打开的组合框中选择【类别和样式】值。
- 【剖面名称】：单击单元格将打开剖面拾取器。此处进行的选择将覆盖为所选结构组件类型定义的结构剖面。可以从目录库或最近的剖面选择列表中选择。
- 【用户】：在用户 1 到用户 4 中设置用于定义弦的反作用力值。

⑥【垂直构件】选项卡、【对角构件】选项卡、【子构件】选项卡：包含用于定义钢桁架的垂直构件的设置，如图 3.2-16 所示。

- 【类型】包含以下选项：
  ○【单倍行距】：作为单构件⌐放置。
  ○【2 倍行距】：作为双构件⊥放置。
  ○【星状（双）】：作为星状双构件十放置。
- 【回切距离】：设置垂直构件端点处的回切距离。
- 【移位】：输入此垂直构件要远离或移向桁架起点的距离。

⑦【角撑板】：包含用于定义钢桁架的角撑板的设置，如图 3.2-17 所示。

图 3.2-16 【垂直构件】选项卡、【对角构件】选项卡、【子构件】选项卡

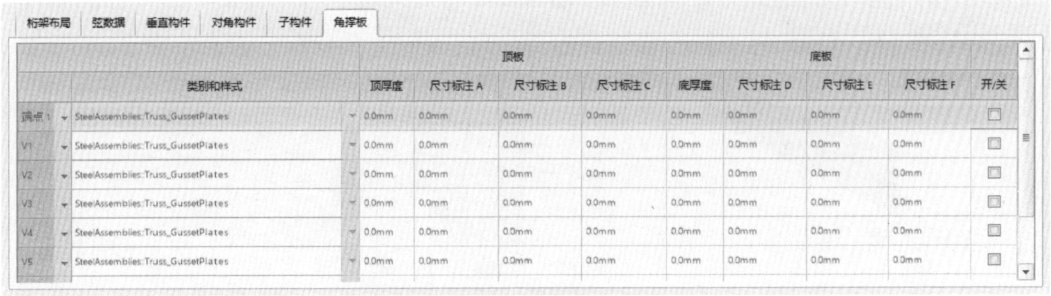

图 3.2-17 【角撑板】选项卡

- 【顶板】、【底板】：
  - 【顶厚度】、【底厚度】：输入当前角撑板顶/底部的厚度。
  - 【尺寸标注 A】：输入从嵌板点到所选顶/底角撑板左边缘的距离。
  - 【尺寸标注 B】：输入从嵌板点到所选顶/底角撑板右边缘的距离。
  - 【尺寸标注 C】：输入所选顶/底角撑板的高度。
- 【开/关】：选中时，会将角撑板设置为【打开】，这将支持设置其参数。取消选中时，构件参数将以灰色显示。

在根据项目需求设置相应参数后，点击【放置】按钮，完成对桁架的放置，如图 3.2-18 所示。其他结构形式的放置可参照此方法进行练习。修改、操作命令可作为自行练习操作模块，SDNF 文件导入操作不适用基础学习，这里不做过多介绍。

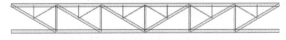

图 3.2-18 放置桁架

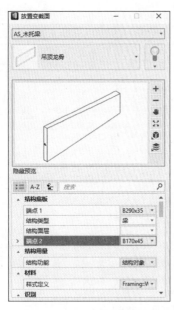

3.2.6 变截面

变截面工具用于放置变截面钢构件。变截面构件指两端以不同大小的剖面表示的构件。变截面构件从一端平滑过渡到另一端,不存在不规则性。可点击【结构设计】功能区→【放置结构元素】组→【变截面】,来放置不同结构形式的构件,如图3.2-19所示。还可以放置自定义的变截面构件。

放置变截面的操作方式较为简单,仅需控制【端点1】与【端点2】的结构尺寸信息,便可以完成对变截面构件的放置操作,如图3.2-20所示,这里不做过多演示。【修剪选项】选项卡【自动端点修剪】功能与放置柱的【自动处理】相似。

3.2.7 枕梁/加腋

可点击【结构设计】功能区→【放置结构元素】组→【枕梁/加腋】来访问【放置枕梁/加腋】对话框,在线性元素上放置枕梁/牛腿,如图3.2-21所示。

图3.2-19 放置变截面钢构件

图3.2-20 放置变截面钢构件

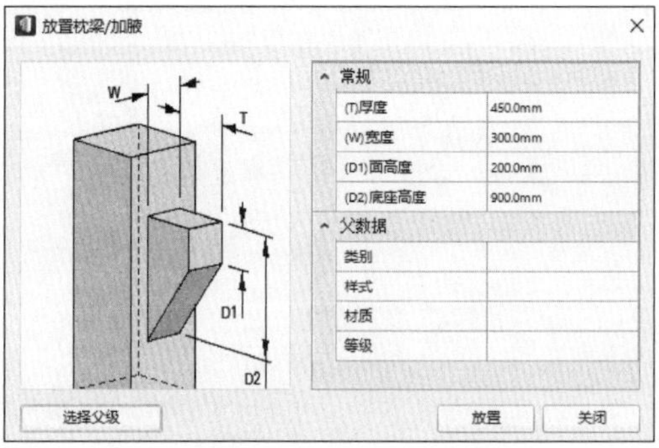

图3.2-21 放置枕梁/加腋

【放置枕梁/加腋】对话框的介绍如下：

①【常规】：使用对话框中的图作为指南,指定当前放置的枕梁的尺寸标注,包含：厚度、宽度、面高度、底座高度。

②【父数据】：选择父级后,显示父数据,然后接受它。其中参数包含：类别、样式、材质、等级等。

③【选择父级】按钮：在视图中选择要在其上放置枕梁/加腋的父结构构件或建筑元素。

按照项目要求设置相关参数后,点击【放置】按钮,将枕梁或加腋放置于项目中,如图3.2-22所示。

3.2.8 防火应用

【防火应用】工具用于将防火材料层应用于结构构件。涂层是一种独立于构件本身的组件,但它会保持与构件之间的图形和数据关系。

图3.2-22 放置枕梁/加腋

可点击【结构设计】功能区→【放置结构元素】组→【防火应用】,打开【防火应用】对话框,如图 3.2-23 所示。

放置防火应用的操作流程如下:
①选择要应用防火处理的构件。
②从数据组目录中选择防火材料。
③设置厚度。
④将防火处理应用方法设置为块(整体式形状)或等高线(按照剖面形状)。
⑤确定应用多少防火材料。
⑥设置用于在构件顶部曲面上忽略防火处理的选项。

图 3.2-23 【防火应用】对话框

⑦应用防火处理。
按照上述操作,可完成对构件的防火应用,如图 3.2-24 所示。

图 3.2-24 防火应用

3.2.9 压型板

可点击【结构设计】功能区→【放置结构元素】组→【压型板】,打开【放置板】对话框,放置钢压型板和复合压型板,如图 3.2-25 所示。

【放置板】对话框各部分的介绍如下:

①【常规】选项卡:
• 【放置方式】:
  ○ 【结构构件】:选择构成压型板边界的构件。
  ○ 【边界】:输入用于构造压型板的点。
  ○ 【形状】:选择用于构成压型板边界的形状元素。
• 【混凝土填注】:用于向压型板添加混凝土填注。启用此项后,将在【常规】选项卡上启用混凝土和合成设置。同时将弹出两个属性选项卡。注意,必须输入压型板总厚度。禁用此项后,合成和混凝土设置的属性选项卡将禁用,此时只能放置压型板。当勾选【混凝土填注】时,将出现【混凝土】与【合成】选项卡,如图 3.2-26 所示。

需设置混凝土类型与压型板方位,包括混凝土厚度等相关参数。如勾选【混凝土填注】,则放置的图形如图 3.2-27 所示。

②【钢压型板】选项卡:
• 【对象类型】:用于设置要用于钢压型板的数据组目录类型。
• 【对象实例】:用于设置要用于钢压型板的数

图 3.2-25 放置钢压型板

据组目录类型实例。

图 3.2-26 混凝土/合成参数设置

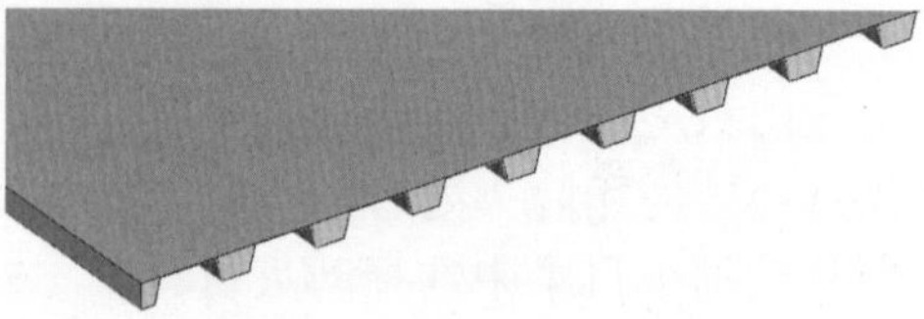

图 3.2-27 混凝土填注钢压型板

- 【类型】：
  - 【表】：选定此项后，将高亮显示钢压型板属性并在其中填充制造商数据，包括附加到钢压型板设置的组织、修订和轮廓名称属性。
  - 【正弦波】：选定此项后，通过手动输入钢压型板属性来指定钢压型板几何图形。
  - 【标准】：选定此项后，通过手动输入钢压型板属性（包括尺寸标注）来指定钢压型板几何图形。组织、修订和轮廓名称属性将从钢压型板设置中移除。

③【钢板特性】：包含所有可用于控制钢压型板属性的选项。参数如下：
- 【顶部宽度】：设置钢压型板轮廓的顶部曲面的宽度。
- 【对角宽度】：设置钢压型板轮廓的对角曲面的宽度。
- 【底部宽度】：设置钢压型板轮廓的底部曲面的宽度。
- 【深度】：设置钢压型板轮廓的总深度。
- 【厚度】：选择钢压型板材质厚度。钢压型板厚度必须手动选择。
- 【薄板宽度建模】：启用此项后，将对构成钢压型板的各个薄钢板的宽度进行建模。
- 【薄板宽度】：设置构成钢压型板的各个薄钢板的宽度。

图 3.2-28 放置钢压型板

- 【悬挑】：用于输入要应用于钢压型板边的悬挑距离。
- 【波长】：选择正弦波钢压型板类型后启用，用于设置从波谷到波谷的正弦波尺寸，以定义钢板轮廓。

根据项目需求设置相应参数后，点击【放置】按钮，将钢压型板放置于项目中，如图 3.2-28 所示。

3.3 混凝土构件

3.3.1 混凝土柱

点击【结构设计】功能区→【放置结构元素】组→【柱】，打开【放置柱】对话框（图 3.3-1），以放置矩形或圆形混凝土柱。放置混凝土柱的操作、设置与放置钢柱的类似，这里不做过多说明。

3.3.2 混凝土梁

点击【结构设计】功能区→【放置结构元素】组→【梁】，打开【放置梁】对话框（图 3.3-2），选择【混凝土梁】,放置矩形或圆形混凝土梁。放置混凝土梁的设置与放置钢梁的设置相同。

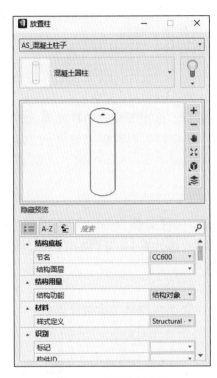
图 3.3-1　放置混凝土柱

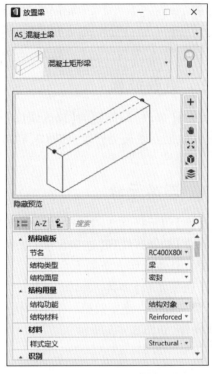
图 3.3-2　放置混凝土梁

对于其他结构形式,如木托梁、木柱、木栓等,其操作方式均类似,可参照放置钢柱、放置钢梁的参数设置与操作方式。

3.4　修改柱和梁

3.4.1　修改构件端点

使用【修改端点】可以更改结构构件端点的物理位置、通过延长现有构件或添加新构件(相同的部件和系列)并与现有构件连接来增加构件的长度或缩短构件的长度。点击【修改】功能区→【修改】组→【操作路径】下拉列表,选择【修改端点】命令,将打开【修改端点】对话框,见图3.4-1。

【修改端点】对话框如图 3.4-2 所示,各选项和设置的意义为:

①【修改类型】选项:
- 【将端点修改为点】:将结构构件的长度修改为数据点所标识的长度。
- 【将端点延长至点】:将结构构件的长度延长到数据点所标识的长度,并启用【距离】和【添加构件】控件。

②【距离】:选中后,可指定所选构件端点的修改量。仅当将【修改类型】

图 3.4-1　修改端点

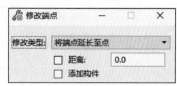

图 3.4-2 【修改端点】对话框

设为【将端点延长至点】时才可使用该功能。

③【添加构件】：不对选定构件进行延长，只是通过放置其他相同类型的构件对其进行修正。仅当将【修改类型】设为【将端点延长至点】时才可使用该功能。

注意：添加的柱会继承选定柱的所有属性。

3.4.2 更改截面

截面可使用【修改】功能区的【修改属性】进行编辑。标识要修改的柱或梁，选择拟定的目标截面并输入数据点以接受修改，如图 3.4-3 所示。不仅可以更改单个截面，还可以更改多个截面。

3.4.3 连接元素

【连接元素】用于将共线的结构构件合并在一起，构件必须为共线共面的，且端点必须重合。可在【修改】功能区找到【连接元素】命令，点击【连接元素】命令（图 3.4-4），将打开【连接元素】对话框。具体操作方法如下：

①单击【连接元素】工具。
②选择要与数据点连接的第一个结构构件，选择要连接的第二个构件。
③完成操作，如图 3.4-5 所示。

图 3.4-3 更改截面属性

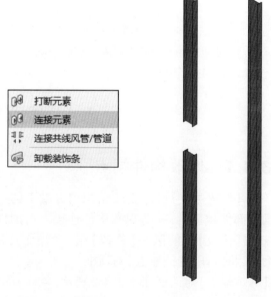

图 3.4-4 连接元素　　　　图 3.4-5 连接元素

3.4.4 结构捕捉命令

【结构捕捉】命令提供专门用于对结构构件进行建模和操作的【精确捕捉】的一个分支命令。可在【捕捉】命令栏打开【结构捕捉】，如图 3.4-6 所示。

进行结构创建时,仅使用试探点捕捉的效果可能会不理想,因为在某些缩放层上往往很难识别出特定的点。使用【结构捕捉】可在光标位置提供直观、即时的反馈,从而减少在识别特定点时所需的鼠标单击次数,帮助精确地放置构件,如图 3.4-7 所示。

图 3.4-6　结构捕捉

【结构捕捉】的关键放置点如图 3.4-8 所示,在创建结构构件时根据结构构件的不同放置点放置结构构件。不同放置点即为鼠标光标移动时的构件跟随点,它可以控制结构构件的放置点。放置点也表示该结构构件绕着该构件的几何旋转轴的端点。

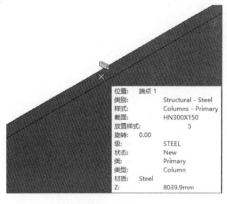

图 3.4-7　结构捕捉

图 3.4-8　放置点

提示:结构构件的质心可用作放置点。

可以启用或禁用所有【精确捕捉】提示或特定类型(如位置、部件名称、旋转、等级、状态、类别等)的显示。高亮显示【精确捕捉】目标后,可以循环浏览该特殊构件上的所有可用放置点。

至此,本书已将结构设计模块的命令进行了分解并对其进行了详细的分析与介绍,相信读者对结构设计模块有了新的认识。可进行如下练习:

①以"DesignerSeed"为种子文件,创建名称为"结构模块"的 DGN 文件。

②利用本章讲解的结构设计模块的相关命令,在"结构模块.dgn"文件中进行操作。

第4章 设 备 模 块

设备模块是一个完全集成的二维和三维工作流解决方案,用于构建设备和环境系统的设计文档。它由一个非常强大的建模引擎提供支持,为许多国际和地区行业标准提供工程设计和文档支持。使用参数化特征和静态单元,可以轻松自定义和扩展标准,从而满足设备设计要求。

4.1 风 管 系 统

4.1.1 风管

点击【设备设计】功能区→【放置风管系统】组→【风管】,可打开【放置组件】对话框,从中选择风管,如图4.1-1所示,进行风管敷设。可以在模型中放置矩形风管、圆形风管、椭圆形风管以及挠性风管。

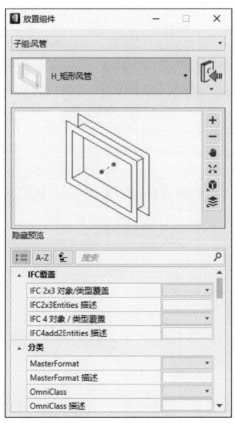

图4.1-1 放置组件

风管类型分为【H_矩形风管】、【H_椭圆风管】、【H_软风管】、【H_圆形风管】四种类型。选择不同的风管类型后,需要定义当前风管的用途。可在系统默认显示的【类别与样式】工具条中找到风管类型、用途,如图 4.1-2 所示。

图 4.1-2　类别与样式

在【放置选项】中,能够看到【样式/类别】、【尺寸】、【方向】、【形状】四个选项(图 4.1-3)。建议在放置风管设备时,将 4 个选项全部开启。各个选项的意义如下:

①【样式/类别】:选中后,会将选定组件的样式和类别定义分配给新组件。

②【尺寸】:选中后,新组件会与选定组件的端点对齐。

③【方向】:自动匹配已放置的风管方向。

④【形状】:选中后,新组件会自动调整尺寸以匹配选定组件的端点。

图 4.1-3　放置选项

例如,选择【Duct-风管】—【送风管】,然后设置风管首末端尺寸信息,在视图中点击起点,再点击终点或第二点,如图 4.1-4 所示。

其他不同类型的风管放置方式都相似,但均需要在放置之前设置【样式/类别】。在放置风管时有以下几个快捷命令:

【RS】:自动适配,使得相邻管件自适应调整。

OpenBuildings Designer CONNECT Edition 应用教程

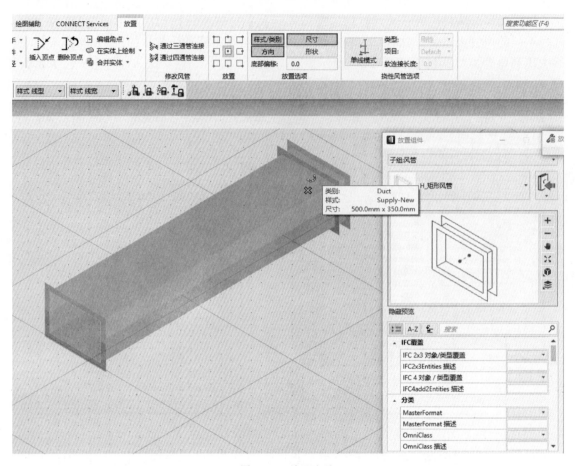

图 4.1-4　放置选项

【RW】：旋转组件，切换水平方向，如图 4.1-5 所示。
【RR】：切换接口，旋转垂直方向，如图 4.1-6 所示。

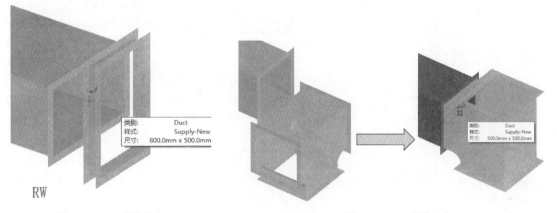

图 4.1-5　RW 操作命令　　　　　　　图 4.1-6　RR 操作命令

【RI】：插入风管，向已创建好的风管插入构件，如图 4.1-7 所示。
【RF】：长宽互换，调转长、宽尺寸，如图 4.1-8 所示。

第4章 设备模块

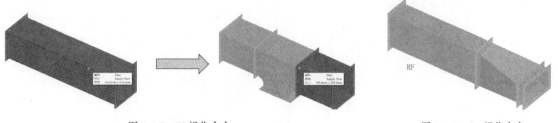

图4.1-7 RI操作命令　　　　　　　　　图4.1-8 RF操作命令

4.1.2 风管附件

【风管附件】工具用于放置风管附件,包括用于连接路线中风管段的配件。组件类别分为如下几个大项:

①【矩形—风管附件】:包含不同结构形式的三通、不同结构形式的四通、不同结构形式的弯头、不同结构形式的变径等,如图4.1-9所示。

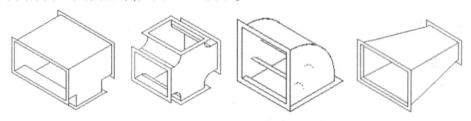

图4.1-9 矩形—风管附件

②【检修门】:适合放置在风管设备(特别是暖通空调)等的下方,以便通过该孔洞进入风管内部对HVAC系统进行检修和维护。为了满足标准风管路线的形状,提供了不同形状和尺寸的检修门,如图4.1-10所示。

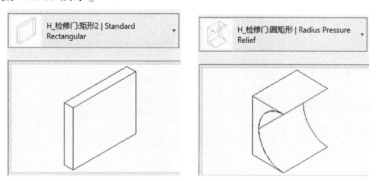

图4.1-10 检修门

【圆形—风管附件】、【椭圆形—风管附件】与【矩形—风管附件】类似,读者可以自行练习放置。

4.1.3 风道末端

【风道末端】工具用于放置格栅、散流器以及集气室。这些配件会将风道末端添加到路线中,如图4.1-11所示。

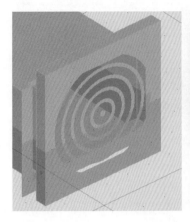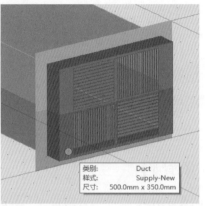

图 4.1-11 散流器与格栅

组件类别分为【散流器】、【格栅】：

①散流器在 HVAC 系统中用作房间空气分布子系统的一部分，可在所需方向上均匀分布空气流，从而同时提供空调空气和通风空气。借助【精确捕捉】功能可轻松地将散流器置于任何形状的风管出口处。散流器直径可随风管尺寸调整。散流器的重要参数与属性信息包括散流器端口尺寸信息、类型信息、格栅尺寸信息等，这些都需要在操作中按照项目需求进行设置，以满足设计要求，如图 4.1-12 所示。

②格栅是一种风道末端。大多数 HVAC 格栅用作风管的回风或排风/进风口，但也有一些用作送风出风口。例如，散流器和喷嘴也可用作送风出风口。调风器是一种带有风阀的 HVAC 格栅。格栅的参数包括接口、厚度格栅数等，均需要在放置前完成设置，如图 4.1-13 所示。

图 4.1-12 散流器参数设置　　　　　图 4.1-13 格栅参数设置

4.1.4 设备机组

【设备机组】工具用于放置 HVAC 系统中使用的加热/冷却设备以及控制单元。点击【设备设计】功能区→【放置风管系统】组→【设备机组】按钮，将弹出【放置组件】对话框，如图 4.1-14 所示。

组件类别包含【FCU】、【VAV】、【CCU】等,具体解释如下:

①【FCU】:即风机盘管单元,是包含加热/冷却盘管和风机的HVAC系统中的简单设备。FCU包含1/4的2管道单元和3/4的4管道单元,可以配置为水平(安装在天花板上)或垂直(安装在地板上)安装,通过手动打开/关闭开关或恒温器进行控制。FCU通常不会连接到风管系统,而是用于控制单个或多个安装空间内的温度。在具有空气处理设备的风管或中央加热系统上安装FCU很经济实惠。

②【VAV】:即气动阀门,是区域级流量控制设备。通常称为VAV终端单元。该单元是一个具有自动传动机构且经过校准的合格空气挡板。VAV终端单元连接到本地或中央控制系统。FPU(风机驱动单元)有时在空间受约束时用作辅助单元,以便增加气流以取代大AHU。系统的风机风量是VAV系统的关键控制项,由于VAV系统在风机上不会提供较多热量,因此对于风机至关重要。超压需要有适当且快速的流量控制。根据形状,VAV分为矩形和圆形两类。圆形VAV具有单出口和双出口。而FPU的形状为标准圆形且具有单出口。

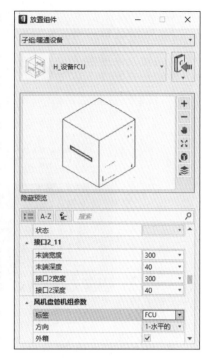

图4.1-14 放置设备机组

③【CCU】:即精密控制单元,是精密空调设备,用于精密控制服务器机房、数据中心、实验室和各种工业应用场合的温度和湿度。

本书对设备机组的放置不作讲解,读者可自行根据参数设置探索设备机组的奥秘。注意,在放置前需要事前设置好参数,否则将不会生成想要的模型。

4.1.5 AHU设备

AHU设备作为加热、通风和空调(HVAC)系统的一部分,是用于调节和循环空气的装置。该设备包括一个大型金属盒,其中有鼓风机、加热和/或冷却元件、过滤器支架或腔室、声音衰减器和阻尼器。AHU可以轻松放置在路线的风管中。

空气处理设备是HVAC系统中的基本组件,它们是组装在一起的小型元件集合,作为一个组件进行放置。在机械领域提供了大量HVAC构件库,用户可浏览并从中选择一个现成项。它们针对特定荷载或应用进行单独设计并调整尺寸。

在【AHU放置】对话框中选择AHU库列表中的AHU以及【AHU创建器】工具栏中的【放置AHU工具】,可激活【放置组件】对话框(图4.1-15),可以在其中管理架构参数【DG实例属性】。此外,功能区上会显示【放置】选项卡,为当前选定的配件提供放置设置选项。

【嵌入设备】、【房间散热器】、【风机】等工具的操作都与之前讲解的设备的放置操作相似,基本介绍如下:

①【嵌入设备】工具:用于将嵌入构件(包括加热器、冷却器、加湿器、挡板、消音器、过滤器、VAV等)放置在路线中,如图4.1-16所示。

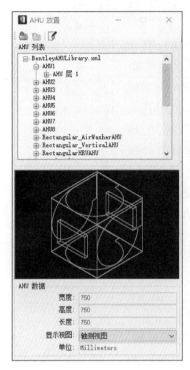

图 4.1-15 放置 AHU

②【房间散热器】工具：用于放置包括暖气片和对流加热器在内的热交换器系统，如图 4.1-17 所示。

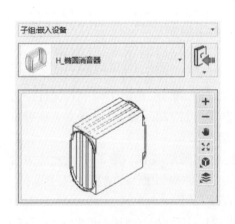

图 4.1-16 放置嵌入设备　　　　图 4.1-17 放置房间散热器

③【风机】工具：用于放置迎合不同形状的各种风机，如图 4.1-18 所示。

4.1.6 设备连管

【设备连管】工具用于使用配件和刚性或挠性组件的组合，自动连接断开的组件。这些工具提供了连接几何图形的附加详细信息。【设备连管】工具支持围栅和选择集。点击【设备设计】功能区→【放置风管系统】组→【设备连管】按钮,将打开【设备连管】对话框,如图 4.1-19 所示。

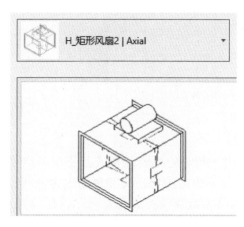

图 4.1-18 放置风机

图 4.1-19 【设备连管】对话框

【设备连管】对话框各部分的说明如下:

①【类型】:将连接组件设置为【刚性】或【挠性】。

②【项目】:即为当前创建的项目。

③【软连接长度】:键入的值表示连管管段中软连接的最大长度。针对【挠性】类型启用。

④【连接角度】:将连管管段中的弯头角度设置为以下标准角度之一:30°、45°、60°或 90°。

⑤【过渡公差】:设置相距一定距离或位于不同平面中的连接设备之间的安全偏移。过渡件用于连接位于指定公差范围内的设备。如果连管内组件之间的距离大于允许的距离,则必须增加公差。

⑥【反转路径】:启用此项后,将连接到要连接的组件的其他面。例如,连接到底面而非侧面。

⑦【拉伸风管/管道】:如果打开,将拉伸所连接的风管或管道以容纳连管管段,而不是添加新段。

⑧【使用围栅】:如果启用,则围栅内的所有现有设备将连接到选定风管或管道。

⑨【围栅模式】:使用围栅时,此选项菜单将设置围栅(选择)模式。

⑩【最小长度】:对于刚性连管,将要连接的选定设备实例的最小长度设置为以下三个选项之一:【默认】,将该值设置为设备的默认最小长度;【来自自动拟合】,将最小长度设置为右键单击时默认的自动拟合(Set as Default AutoFitting)的最小长度,该选项菜单位于【DG 实例(DG Instance)】的【参数】属性内;【手动】,用于在可用余量内设置设备的最小长度,该值将替代默认或自动拟合最小长度。

⑪【风管/管道最小长度值】:仅针对处于【手动】模式的最小长度值启用。当连管内的可用距离小于允许的长度时,系统将提示输入最小长度来提供用于完成连接的最佳选项,如图 4.1-20 所示。

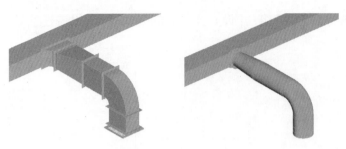

图 4.1-20　设备连管

4.1.7　绝缘线路

【绝缘线路】工具用于将隔热层和衬里应用于特定的系统路径或基于设备类型的组件系统部分。【线符设置】的隔热层、衬里模板用于在系统范围内定义和更新包含隔热层和衬里的模型。点击【绝缘线路】命令后，需要选择要定义为绝缘设备的元素，然后打开【绝缘/衬里设置】对话框，如图 4.1-21 所示。

图 4.1-21　绝缘/衬里设置

【绝缘/衬里设置】对话框的【路径设置】选项卡，用于选择系统以及路线系统中的一个或全部路径和组件，以便为选定路径分配系统 ID（身份识别码）。管路系统可包含多个系统，而每个系统可具有多个路径：

①【系统】：显示调用该工具时，当前选择的默认路线元素的系统编号。单击可设置为列表中的其他可用编号或将其设置为【全部】。

②【路径】：列出选定系统中的默认路径。可选择路线中的其他路径编号或全部路径。

③【组件】:列出当前路径中的组件。默认情况下,将选择全部组件。但是,如果【系统】和【路径】没有设置为【全部】,则可以选择组件编号。当【系统】设置为【全部】时,【路径】和【组件】将自动设置为【全部】;同样,如果【路径】设置为【全部】,则组件将设置为【全部】。

对于其他参数设置,可根据项目实际需求,设定相应参数。图4.1-22所示为风管构件绝缘前后对比。

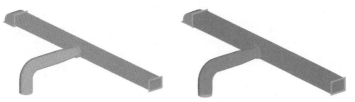

图4.1-22 放置绝缘

4.1.8 系统ID

【系统ID】工具用于单独或以递增方式为路径或整个系统定义唯一的系统ID。利用各种路径设置可以向路径的所有或选定组件的系统元素分配ID,从而为当前正在操作的组件提供可视参考。点击【系统ID】按钮,系统会提示选择要分配ID的构件,可以单个分配,还可以多个同时分配;之后将弹出【分配系统ID】对话框,如图4.1-23所示。

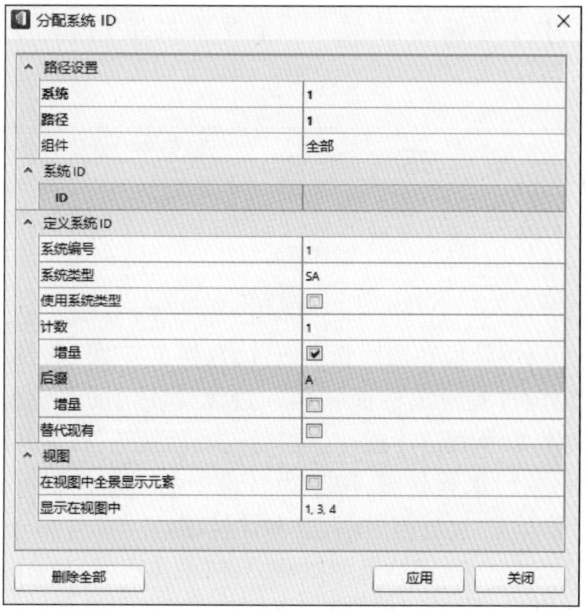

图4.1-23 分配系统ID

详细参数数据罗列方式与【绝缘线路】参数类似;其余参数(如【系统编号】、【计数】等),需要按照项目需求或者自定义,向构件中添加并分配系统ID。分配完成后,点击功能区的【常用工具】组→【建筑元素信息】按钮(ⓘ▼),可查看刚刚给定的系统ID,如图4.1-24所示。

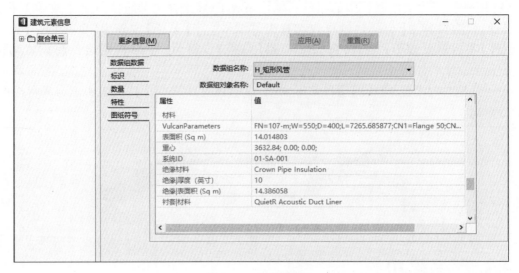

图 4.1-24 查看系统 ID

4.2 管道系统

【放置管道系统】组包含与水管操作相关联的工具,包括【管道】、【管道附件】、【管件】、【泵】、【卫浴设施】、【地漏与雨水井】、【设备机组】、【防火设备】和【LPG】,如图 4.2-1 所示。

图 4.2-1 【放置管道系统】组

①【管道】:水管分为刚性管道和挠性管道组件,这样更有助于灵活的管道布局。

②【管道附件】:管道附件是管道剖面转向和过渡处使用的水管配件(包括弯头、T 形三通、Y 形三通、法兰和端帽)以及管道连接件(包括接头、活接头、孔窝和螺母)。

③【管件】:提供了一系列水管和阀,用于为管道中的流量控制机构服务,可用于不同环境,包括空气分离器、流量开关、过滤阀、压力表和计量罐。

④【泵】:水管系统泵的工作原理是借助机械力,使水在压缩力的作用下进行推送。

⑤【卫浴设施】:水管固定装置属于送排水系统的一部分,但也可针对特定用途进行额外配置。

⑥【地漏与雨水井】:地漏与雨水井配件包括地漏和集水池,它们用作水管系统中的污水排放组件。

⑦【设备机组】:包括若干设备以及加热/冷却装置。

⑧【防火设备】:包括消防设备、消防箱和灭火器。

⑨【LPG】：由一套低压气体组件组成，包括在模型中设计 LPG 布局所必需的各种配件、装置和设备。

管道系统的操作方式与风管系统类似，放置前需要对【类别/样式】进行设置。按照项目需求完成对水管类型和样式的选定，如图 4.2-2 所示。

图 4.2-2　管道类别与样式

管道系统有别于风管系统的是放置水管时具有【坡度选项】，如图 4.2-3 所示。

【坡度选项】的说明如下：

①【应用坡度】：当启用此选项时，放置的水管将存在坡度设置。

②【方法】：应用坡度的方法为三种：【高度/长度】、【度】、【百分比】。

图 4.2-3　【坡度选项】

- 【高度/长度】设置高度与长度的比值。
- 【度】：设置管道放置坡度的度数。
- 【百分比】：设置高度与长度的百分比数值。

③【方向】：分为向上方向的水管、向下方向的水管。

放置管道的操作与放置风管系统的操作类似，本书不做更详细说明。点击【放置管道】时，设置相应参数，确定管道第一点与管道终点，完成管道放置，如图 4.2-4、图 4.2-5 所示。

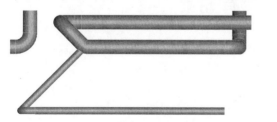

图 4.2-4　放置水管管道

图 4.2-5　放置挠度管道

【放置管道系统】组除【管道】工具、【管道附件】工具外，其余的【泵】、【卫浴设施】、【地漏与雨水井】、【设备机组】、【防火设备】、【LPG】命令的操作方式均与放置风管、设备机组类似。应用上述操作命令可将相应设备放置于项目中，如图 4.2-6 所示。

a)泵系统　　　　　　　　b)卫浴设施

c)地漏排水井　　　　　　d)设备机组

e)防火设备　　　　　　　f)LPG

图 4.2-6　其他设备机组

4.3　修改现有元素

完成各风管、管道系统放置后，可对已放置的风管、管道系统进行修改，包含拉伸、打断、连接、移动等。可以在【修改】功能区下找到修改命令，如图 4.3-1 所示。

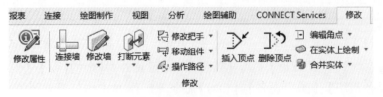

图 4.3-1　修改已有元素

4.3.1 拉伸组件

可以通过拉伸现有构件或通过添加新构件并与现有构件连接来增加长度,如图 4.3-2 所示。

4.3.2 打断风管

【打断元素】命令用于将一段风管截为两段,成为各自的独立元素并保留各自的信息。除了将风管截成两段外,它还能将一段更长的风管截成标准长度。此功能在布置风管时使用,以达到项目所需要的精确长度,如图 4.3-3 所示。

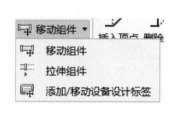 

图 4.3-2　拉伸组件选项　　　图 4.3-3　打断元素

【打断元素】对话框如图 4.3-4 所示:
- 【动态】:打断的尺寸通过数据点进行动态连接。
- 【标准】:选中后,输入要应用到选定组件的标准长度。标准长度的起点位于距离第一个数据点最近的一端。

4.3.3 连接工具

连接工具用于连接之前放置的两段管网,如图 4.3-5 所示。将风管连接到一起后,可根据情况插入单个拟合件或组合拟合件。

【连接风管/管道】可用于连接两段不同尺寸的风管。分支接头将会被插入到风管中,并自动适应尺寸较小的风管。要利用分支接头连接风管,请将【连接风管/管道】对话框中的方法更改为【与分支三通连接】,如图 4.3-6 所示。

图 4.3-4　【打断元素】对话框　　　图 4.3-5　连接设备　　　图 4.3-6　选择接头处连接方式

选择将从主风管分支出来的风管,然后选择主风管,如图 4.3-7 所示。

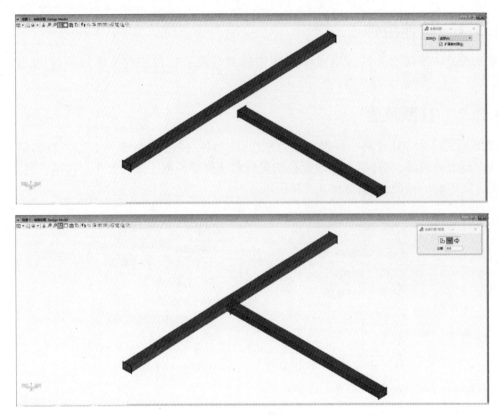

图 4.3-7 T 字连接演示

4.3.4 移动组件

通过【移动组件】命令,用户能够动态地移动机械组件和所有连接的组件,同时维护它们之间的连接状态,如图 4.3-8 所示。

4.3.5 修改组件

【修改属性】命令位于功能区的【修改】组中,如图 4.3-9 所示。该命令用于修改风管拟合件和拟合件实例数据。在修改操作过程中,实例数据可在【修改组件】对话框中进行修改。

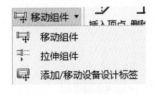
图 4.3-8 移动组件

图 4.3-9 修改属性

至此,本书已将设备模块命令进行了分解,并对其进行了详细的分析与介绍,相信读者对设备模块有了新的认识。借助本章介绍的操作命令,可进行如下练习:

①以"DesignerSeed"为种子文件,创建名称为"设备模块"的 DGN 文件。
②利用本章讲解的设备模块相关命令在"设备模块.dgn"文件中进行练习。

第 5 章 图 纸 管 理

当所有模型创建完成后,需要生成 CAD 图纸,并将已创建的模型信息输出到图纸或者报表中。

5.1 创建楼层平面图

可在【建筑设计】工作流下点击【绘图制作】功能区→【创建视图】组→【平面】下拉图标→【楼层平面图】(图 5.1-1),打开【创建平面图】对话框(图 5.1-2),创建动态视图楼层平面图。

【创建平面图】工具会从 OpenBuildings Designer 楼层管理器、IFC i-model 以及已命名的 ACS 定义和形状中读取楼层定义。

图 5.1-1 楼层平面图　　　图 5.1-2 创建楼层平面图

楼层平面图是基于用户定义的设置和【楼层管理器】中的楼层定义而创建的。设计师可以使用单个楼层定义或楼层定义集来创建楼层平面图,也可以使用在模型内定义区域的多边形来创建楼层平面图。

楼层平面图的属性包括建筑和楼层定义、楼层和层数据、楼层高程和楼层间距。

【创建平面图】对话框会自动调整,以适应楼层平面图的创建方法。创建楼层平面图的方法有【用户定义的平面】、【楼层的平面】、【楼层集的平面】,如图 5.1-3 所示。

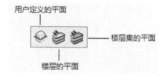

工具设置窗口还提供用于设置【视图范围】和操作剪切立方体的控件,如图 5.1-4 所示。

图 5.1-3 创建楼层平面图的方法

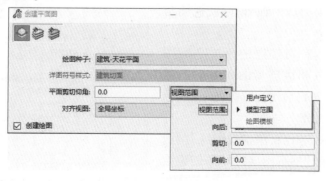

图 5.1-4 选择视图范围

【创建平面图】对话框各部分的作用如下：

①【用户定义的平面】：根据用户定义的设置，一次创建一个动态视图楼层平面图。

②【楼层的平面】：使用【楼层管理器】定义，一次创建一个动态视图楼层平面图。

③【楼层集的平面】：使用【楼层管理器】定义，创建多个动态视图楼层平面图。

④【绘图种子】：设置用于创建动态视图楼层平面图的种子文件。可以选择自定义的种子文件，如图5.1-5所示。

图5.1-5 绘图种子

⑤【详图符号样式】：这是一个视觉指示符，显示了绘图种子正在定义的详图符号样式。

⑥【平面剪切仰角】：适用于用户定义的平面方法。设置当前剖面剪切面的平面剖切高度（位于Z轴上）。此设置还会考虑激活剪切体积块的剪切设置。

⑦【视图范围】：适用于用户定义的平面方法。包含用于设置视图范围和剪切体积块的控件。

- 【用户定义】：仅当用户定义的楼层平面图（Floor Plan User Defined）激活时可用。
- 【模型范围】：用户定义的楼层平面图（Floor Plan User Defined）和楼层的楼层平面图（Floor Plan By Floor）激活时可用。
- 【绘图模板】：楼层的楼层平面图（Floor Plan By Floor）激活时可用。
- 【向后】：向后剪切体积块边界将偏移输入的数值。
- 【剪切】：动态显示剪切体积块的剪切面积。
- 【向前】：向前剪切体积块边界将偏移输入的数值。

⑧【对齐视图】：包含用于将坐标系设置为与绘图视图对齐的选项。

- 【全局坐标】：选择此项后，会通过在全局坐标系中对齐X、Y、Z轴，将视图与全局坐标对齐。
- 【激活 ACS】：选择此项后，会将所有三个轴与激活 ACS 平面的三个轴对齐，使视图与激活 ACS 平面对齐。
- 【楼层 ACS】：针对楼层的楼层平面图（Floor Plan By Floor）和楼层集的楼层平面图（Floor Plan By Floor Set）启用。选择此项后，会将视图与楼层 ACS 对齐。

当设置完成相关参数后，单击视图区，接受利用当前种子文件创建的视图，会弹出【创建绘图】对话框，如图5.1-6所示。

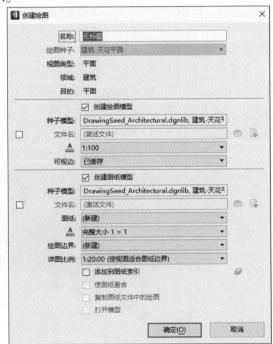

图5.1-6 【创建绘图】对话框

【创建绘图模型】和【创建图纸模型】均为创建新文件。要创建新文件,单击各部分中的【文件名】开关,然后选择【创建新模型文件】和【创建新图纸文件】图标,便可以将文件重新命名,在设置好模型比例后,点击【确定】按钮完成创建绘图模型与图纸模型。

注意:选中【创建绘图模型】和【创建图纸模型】后,OpenBuildings Designer 将创建一个绘图并使用定义的【种子模型】自动将该绘图放置在图纸上。通过【文件名】旁边的复选框可以将绘图或图纸创建为单独的文件,而不是将它们嵌入到激活文件中。

打开【视图属性】对话框并启用【标记】。【标记】是 OpenBuildings Designer 的新功能,可以通过该功能应用剪切立方体相关联的已保存视图、打开/关闭剪切立方体、连接标注符号、显示图纸注释并将视图放置在绘图或图纸上,如图 5.1-7 所示。

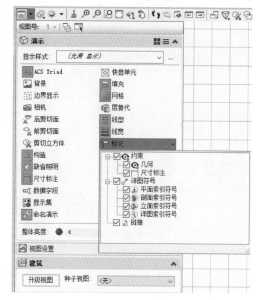

图 5.1-7 【视图属性】对话框

标记符号表示【建筑视图】及其在主模型中的位置。标记符号表示的各类型的【建筑视图】,如图 5.1-8 所示。

在视图中找到【楼层平面图标记】,左键单击并将光标悬停在迷你工具栏上,如图 5.1-9 所示。

第一个图标 将应用与标记关联的已保存视图。单击后,注意观察该视图如何旋转为顶视图以及如何将已保存视图应用到剪切立方体。

第二个图标 将会切换与已保存视图关联的剪切立方体。左键单击以开启/关闭剪切立方体。开启剪切立方体后,可以对剪切平面的高度和剪切边界进行调整。

第三个图标 可以向视图添加合适的标注符号。左键单击该图标,将出现一个标注,用于指示楼层平面图位置,同时还会显示绘图标识符和图纸名称,如图 5.1-10 所示(在图纸上放置绘图后,这些内容会自动填充。)

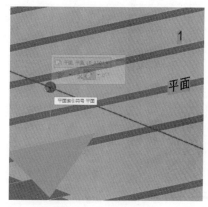

图 5.1-8 索引符号   图 5.1-9 楼层平面图标记   图 5.1-10 平面索引符号

第四个图标 用于将绘图中的注释连接到视图中。

选择【打开目标】后将打开与标记相关联的绘图。

提示: 下拉菜单会指示使用绘图的所有位置(绘图、图纸等)。通过打开的文件夹可以直接导航到这些文件。

5.2 楼层平面图(按楼层集)

图 5.2-1 楼层集的平面

【创建楼层平面图(按楼层集)】工具用来创建多个动态视图楼层平面图,如图5.2-1所示。

所有当前的楼层定义(由【楼层管理器】所定义)都显示在【楼层选择器】列表框中。在想要创建平面图的楼层旁边选中复选框并单击【下一步】,同时注意选定的绘图种子文件,如图5.2-2所示。最终完成创建多个动态视图的楼层平面。

图 5.2-2 创建平面图

5.3 创建建筑截面

【放置剖面索引符号】工具可创建动态视图截面视图,可以将截面标注直接放置在绘图或图纸上,而无须选择任何参考。

点击【绘图制作】功能区→【创建视图】组→【剖面】,将弹出【放置剖面索引符号】对话框,如图5.3-1所示。

点击【绘图种子】下拉菜单,选择种子文件,如图5.3-2所示。

然后在视图中放置剖面符号,如图5.3-3所示。

图 5.3-1 【放置剖面索引符号】对话框

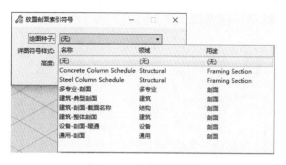
图 5.3-2 选择绘图种子

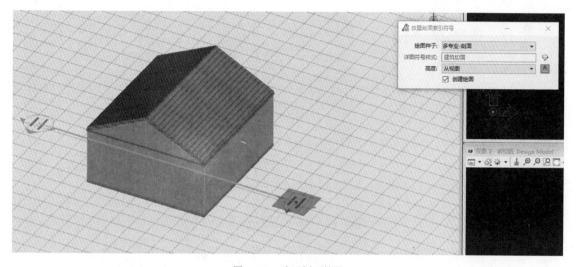
图 5.3-3 放置剖面符号

这样就完成了放置剖面索引符号的操作,然后将弹出【创建绘图】对话框,设置需要的参数信息,点击【确定】按钮完成创建建筑剖面,如图 5.3-4 所示。

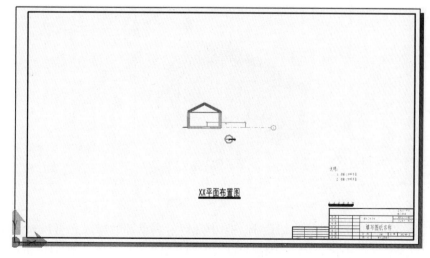
图 5.3-4 生成剖面图纸信息

可以打开【常用工具】里的【模型】命令,返回 Design Model 建筑模型文件中,见图 5.3-5。

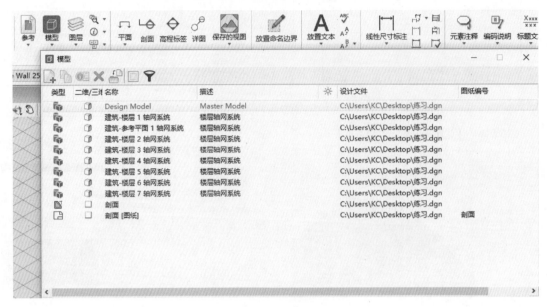

图 5.3-5　建筑模型文件

在 Design Model 文件中能够看到剖面索引符号,如图 5.3-6 所示。

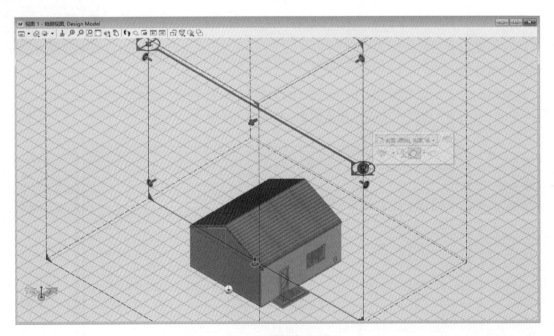

图 5.3-6　建筑模型文件

从图中能够看到剖面索引的剖切范围。图中带有箭头指针的样式元素代表剖面的剖切方向,四个方向的类似于"钉子"的元素则限制了剖切的范围。如果要调整剖切范围,只需要右键长按"钉子"元素,弹出【切换裁剪】(图 5.3-7),这样就可以调整整体剖切的视图范围。

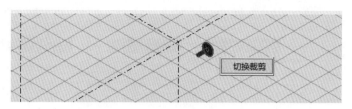

图 5.3-7 切换裁剪

【放置立面索引符号】、【放置详图索引符号】的操作方式与【放置剖面索引符号】的操作相同,不再赘述,如图 5.3-8 所示。

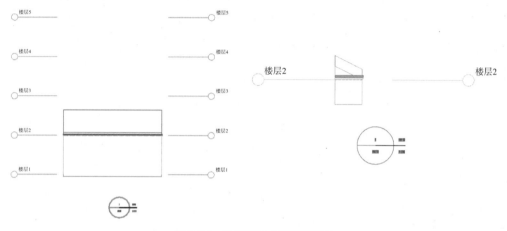

图 5.3-8 放置立面、详图索引符号

最终可以在模型中看到平面索引符号、截面索引符号、立面索引符号以及详图索引符号等,如图 5.3-9 所示。

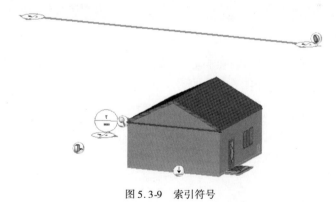

图 5.3-9 索引符号

5.4 类别/样式编辑

【类别/样式编辑器】用于在建筑数据集中查看、创建和管理各类别、样式、复合样式和组件,包括图纸剖切表达等,可通过点击【文件】按钮→【数据集工具】→【类别/样式编辑器】打开,如图 5.4-1 所示。

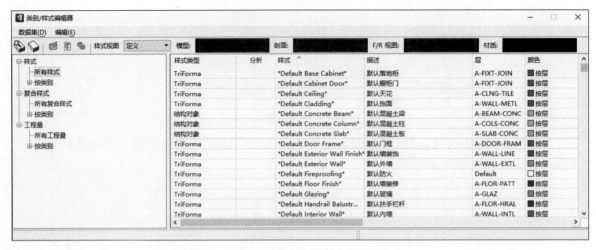

图 5.4-1 【类别/样式编辑器】

5.4.1 样式视图

图 5.4-2 样式视图

点击【所有样式】后,在【样式视图】的各项选项中便会看到关于几何图形表示方式的所有信息。【样式视图】下可选择不同类型的参数类型,如图 5.4-2 所示。

5.4.2 定义

【定义】属性栏用于控制元素在三维模型中的表示方式以及对层、颜色、线宽和尺寸的提取,如图 5.4-3 所示。

图 5.4-3 【定义】属性栏

可在空白处单击右键,新建样式,可自定义编辑样式定义、编辑属性信息(包括样式类型、类别、层、颜色、密度、高度等),如图 5.4-4 所示。

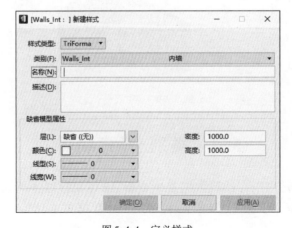

图 5.4-4 定义样式

5.4.3 图纸表达

【图纸表达】属性栏用于控制元素在图纸中的表示方式以及一体化设置。一体化是将如两个接触或连接的部件之类的形体虚拟地缝合在一起以在图纸中呈现为一个整体,如图 5.4-5 所示。

图 5.4-5 【图纸表达】属性栏

对已新建的样式点击右键,选择【特性】,可自定义视图属性,如图 5.4-6 所示。

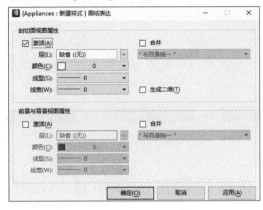

图 5.4-6 特性编辑

5.4.4 剖切图案

【剖切图案】属性栏用于选择元素在绘图中的剖面线绘制方式,如图 5.4-7 所示。

图 5.4-7 【剖切图案】属性栏

对已新建的样式点击右键,选择【特性】,可自定义剖切图案,如图 5.4-8 所示。

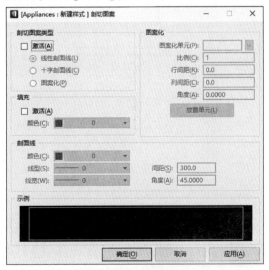

图 5.4-8 特性编辑

5.4.5 中心线

借助【中心线】属性栏(图5.4-9),不但可以使用标准线型在元素上显示中心线,还可以使用自定义线型来显示中心线。例如,可创建自定义线型来表示木结构或防火墙。如果要编辑中心线,具体操作步骤可参照5.4.2节。

图5.4-9 【中心线】属性栏

5.4.6 渲染特性

【渲染特性】属性栏用于设置构件在放置时所展现的渲染特性,即显示效果与材质信息,如图5.4-10所示。

图5.4-10 【渲染特性】属性栏

5.5 在建筑动态视图中使用图纸规则

5.5.1 应用与管理图纸规则

在建筑动态视图中,利用图纸规则可以在动态视图内的任意对象上自动放置注释。这些对象从截面中切割而来并附有数据组数据,包括门、窗、橱柜、空间、卫生设施等。此外,还可以使用这些规则来标注其他专业领域的项目。

注意:当对象为空间时,空间的天花板高度决定了空间范围。如果建筑动态视图中剪切立方体的剪切平面穿过空间范围,则为空间添加注释。如图5.5-1所示,在此绘图中,使用Architectural 图纸规则在窗、门和空间上放置注释。

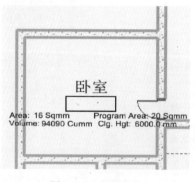

图5.5-1 空间定义

图纸规则系统已集成到动态视图系统中,以便将各个动态视图与其特有的图纸规则一同存储。动态视图创建完成后,图纸规则即会显示在【视图属性】对话框的【建筑设计】中,如图5.5-2所示。

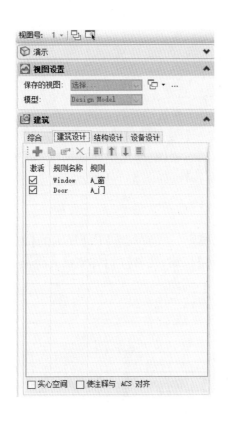

图 5.5-2　图纸规则

【建筑设计】选项卡中提供了几个实用设置,可对应用于建筑动态视图的 Architectural 图纸规则进行管理。另外,【建筑设计】选项卡中还提供了一个工具栏,其中包含了几个重要工具,如图 5.5-3 所示。

前述工具栏中各个工具的介绍如下:

图 5.5-3　【建筑设计】选项卡的工具栏

① ✚ 连接新规则:可借助此工具将预定义规则连接到建筑动态视图。点击此工具将打开【图纸规则(基本)】对话框,可在此对话框中选择预定义的图纸规则并创建新的图纸规则定义。

② 复制规则:可将选定规则的副本添加到建筑动态视图中。点击此工具将打开【图纸规则(基本)】对话框,可在此对话框中更改规则及其条件。

③ 编辑规则:点击后将打开【图纸规则(基本)】对话框,选定的规则呈高亮显示状态。借助此工具,可更改规则定义,也可更改应用规则时需满足的规则条件。

④ ✕ 卸掉规则:可从建筑动态视图中移除选定的规则。卸掉规则时并不会删除规则定义。规则序列工具对于确定规则的应用顺序十分重要。一旦某对象满足条件且相应规则被执

行后,其他规则便不会再对该对象进行评估。

⑤ 首先移动:将规则移至列表顶部。

⑥ 上移:将规则朝列表顶部上移一个位置。

⑦ 下移:将规则朝列表底部下移一个位置。

⑧ 移动到最后:将规则移至列表底部。

【建筑设计】选项卡的规则列表中会列出应用于建筑动态视图的规则,同时,还会显示规则的名称和条件。在【激活】列中,每个规则对应一个复选框。通过这些复选框可以打开或关闭规则。实际上,只会将选中的规则应用于建筑动态视图,未选中的规则将不予应用,但可供需要时使用。这样便可充分利用动态视图的动态特性,如图 5.5-4 所示。

5.5.2　开/关图纸规则

单击【建筑设计】选项卡以显示可用的图纸规则。取消勾选【门】规则的【激活】复选框,关闭【门】标签规则,如图 5.5-5 所示。点击【确定】按钮,此时【门】标签已完全消失。

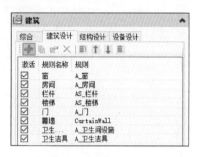

图 5.5-4　添加规则名称

图 5.5-5　开关图纸规则

注意:创建建筑视图后,图纸规则设置会被存放在选定的绘图种子文件中。为模型中的对象添加标签时,应用自动图纸规则可以节省大量时间,但是不一定会将数据组注释正好放置在准确的位置上。有时,注释可能会覆盖图纸中的其他对象,此时需要移动注释。要移动注释单元,只需将其选中,然后使用移动工具进行移动。移动注释时,要注意维持它们与其链接的对象之间的关系。这样一来,无论对象发生什么更新,注释标签都会自动更新。

5.5.3　创建新规则

在【建筑设计】下点击【连接新规则】按钮(➕),便可开打【应用切图规则】对话框,此工具用于完成图纸规则的创建、复制和编辑操作,如图 5.5-6 所示。

【应用切图规则】对话框分为两个部分。上部用于处理条件,下部用于管理规则。为视图分配规则时,必须定义条件并选择规则。选中【添加到视图】按钮后,可将规则和条件添加到【应用

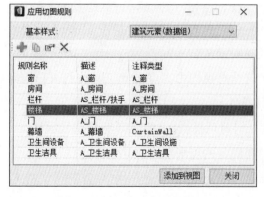

图 5.5-6　【应用切图规则】对话框

切图规则】列表框的【建筑】选项卡中,也可将规则用于建筑动态视图中。

建筑图纸规则中可以使用的两类条件分别是【建筑元素(数据组)】和【条件集】,如图 5.5-7所示。

【建筑元素(数据组)】依赖于规则中定义的建筑元素。例如,如果某规则基于门,则设置【建筑元素(数据组)】条件之后,会将该规则应用于所有门。

【条件集】利用了【按属性选择】实用工具。可使用此选项根据数据组系统、数据组属性和建筑属性(包括系列和部件)生成条件,如图 5.5-8 所示。

图 5.5-7　显示规则设置　　　　　　　　　　图 5.5-8　选择【条件集】

选择【条件集】选项后,【条件名称】和【条件文件】设置选项将在【图纸规则】对话框中变为可用状态。如果使用【按属性选择】创建了一个条件并予以保存,则可通过如下方式选择该条件:浏览至条件文件,然后从列表中选择该条件的名称。

注意:条件集是使用【按属性选择】工具创建的。条件集存储在文件扩展名为.RSC 的资源文件中。

OpenBuildings Designer 提供了一些通用建筑元素注释,它们存在于系统内置的注释元素中。用户可以在【应用切图规则】对话框的下部管理这些规则。利用【连接新规则】、【复制规则】和【编辑规则】工具可以打开【应用切图规则】对话框,如图 5.5-9 所示。

【图纸规则】对话框如图 5.5-10 所示。各项设置的介绍如下:

①【规则名称】(必填):设置在【图纸规则】对话框中以及【建筑】面板的【建筑】选项卡中显示的规则名称。

图 5.5-9　操作切图规则

②【描述】(可选):设置规则的简单描述。

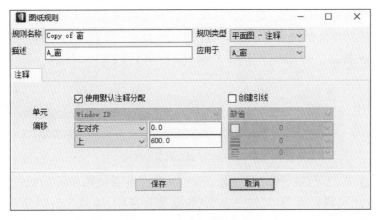

图 5.5-10　【图纸规则】对话框

③【规则类型】:从列表中选择最能描述规则的规则类型。可使用该值根据类型对规则进行管理和排序。

④【应用于】:从数据组目录的建筑元素列表中选择将应用规则的建筑元素。

⑤【注释】选项卡:用于控制注释符号以及符号相对于建筑元素的放置位置。

⑥【使用默认注释分配】复选框:启用后,可通过【注释工具设置】工具控制注释单元;关闭后,可从下方的【单元】下拉菜单中选择注释单元。

⑦【单元】:提供可用于建筑元素的【注释工具设置】单元列表。这些单元通过【管理数据组注释单元】工具进行创建和修改。

⑧【偏移】:控制注释相对于建筑元素的位置,即注释单元相对于默认位置的左右偏移量。

5.5.4 数据组注释单元

【注释工具设置】对话框用于修改线符(颜色、线型、线宽)、更改注释符号图形所在的层以及将其他单元替换为注释图形。可以在【建筑类别】工作流下【绘图制作】功能区→【放置注释】组,打开【注释工具设置】对话框,如图 5.5-11 所示。

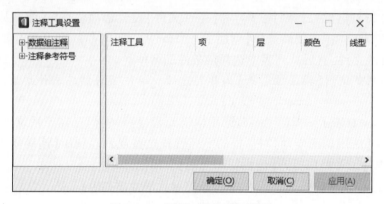

图 5.5-11 【注释工具设置】对话框

打开后,可以单击左侧列表中的【 + 】图标,展开【数据组注释】部分,这将打开一个包含当前数据组目录的列表。

选择其中一个数据组目录后,默认注释单元的设置将显示在右侧面板中。通过这些设置可以控制数据组注释单元的外观。设置面板(图 5.5-12)上共有 4 行,每行对应一个数据组目录:Main Callout(主标注)、Leader(引线)、Terminator(端符)和 Text(文本)。

注释工具	项	层	颜色	线型	重量	单元	字体	类型
A_窗	Main Callout	<useCell>	<useCell>	<useCell>	<useCell>	Window ID Ellipse		
A_窗	Leader	<useActive>	<useActive>	<useActive>	<useActive>			None
A_窗	Terminator	<useCell>	<useCell>	<useCell>	<useCell>	TERM01		None
A_窗	Text	<useCell>	<useCell>		<useCell>		<useCell>	

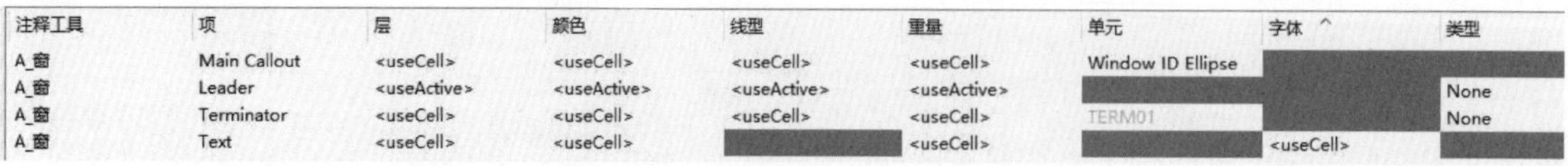

图 5.5-12 注释工具显示样式

通过【标注】工具栏可以选择注释单元,还可以选择是否使用单元的线符设置、按层线符、激活线符设置等,还可以设置图层、颜色、线型和线宽等选项,如图 5.5-13 所示。

这些可供选择的单元通过【管理数据组注释单元】工具进行创建并与数据组目录相关联。这些单元同时存储在一个单元库中,如图 5.5-14 所示。

借助【引线】和【端符】,可指定在使用【数据组注释】工具放置注释时可以放置的引线和端符。在建筑视图中,将不会使用 Architectural 规则放置引线。

第 5 章 图纸管理

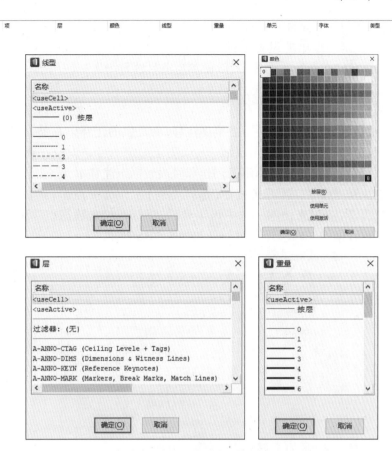

图 5.5-13　编辑注释单元属性

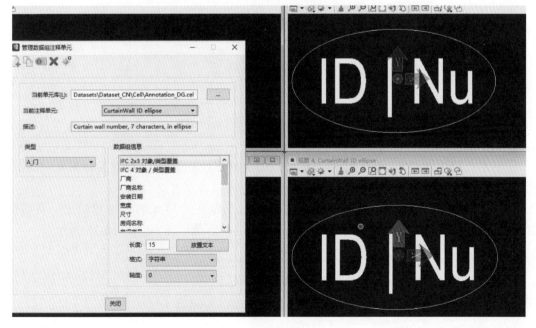

图 5.5-14　数据组注释单元编辑

103

通过【文本】设置可以指定注释单元中所显示文本的线符和字体。

【注释工具设置】对话框中的设置将被存储在名为 annotationoverides.xml 的 xml 文件中。默认情况下，此文件存储在项目数据集中，以便参与项目的每个人都使用统一的注释设置。

5.5.5 管理数据组注释单元

【管理数据组注释单元】用于在绘图上提供注释，所提供的注释以存储在模型元素上的信息为基础。可使用注释单元放置哪种信息类型，取决于选定的目录以及在此目录中定义的信息类型。【管理数据组注释单元】工具用于创建和修改数据组注释单元。

【管理数据组注释单元】工具可通过在【建筑类别】工作流下点击【绘图制作】功能区→【放置注释】组→【元素注释】来访问。选中该工具后，将打开包含数据组注释单元的单元库，同时还将打开【管理数据组注释单元】对话框，如图 5.5-15 所示。

图 5.5-15 【管理数据组注释单元】对话框

【管理数据组注释单元】对话框的说明如下：

①利用此对话框顶部工具栏中的图标可以创建新注释单元、复制现有注释单元、查看当前单元的模型属性、删除当前单元以及设置单元原点。

②【管理数据组注释单元】部分列出当前库以及当前注释单元的名称和描述。要切换到其他注释单元，请使用【当前注释单元】下拉选项以选择其他单元，如图 5.5-16 所示。

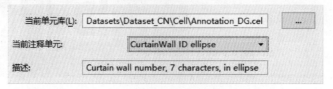

图 5.5-16 单元属性名称及描述

③【类型】下拉列表中列出了当前注释单元可关联的可用数据组目录。每个单元只能与一个目录关联。将链接到数据组信息的一段文本放置在单元中后，将无法更改注释单元类型，如图 5.5-17 所示。

④【数据组信息】框列出了选定用于生成报告的注释单元类型。要想在链接到数据组信息的单元中放置一段文本，从列表中放置的信息类型，选择要放置的文本格式，如图 5.5-18 所示。

图 5.5-17　数据组目录　　　图 5.5-18　数据类型

⑤【格式】选项具体取决于选定的数据类型，包括：
- 【整型】：整数。
- 【字符串】：文本串。
- 【MU-SU】：以主单位 - 子单位计量且不带标签的尺寸标注显示。
- 【MU 标签　SU 标签】：带有主单位、主单位标签、子单位及子单位标签的尺寸标注显示，例如 3m 16cm。
- 【MU 标签 - SU 标签】：带有主单位、主单位标签、短划线及子单位标签的尺寸标注显示，例如 3m～16cm。
- 【MU】：仅以主单位显示的尺寸标注。
- 【SU】：仅以子单位显示的尺寸标注。
- 【双精度型】：带有小数位的数值。
- 【DD MM SS】：以度、分和秒计量的角度。
- 【DD.DDDD】：以度计量的角度。
- 【面积优选项】：为显示面积而采用的基于用户优选项的面积尺寸标记。
- 【自定义】：可处理原始数据组数据的 VBA 项目、模块和程序。将数据组属性中的值作为输入命令参数送到宏中，通过宏进行处理后，再将其反馈回注释单元。【高级空间标签】是此类注释的一个示例。

第6章 信息管理

模型信息管理对于 OpenBuildings Designer 至关重要。本章主要讲解三维模型的信息定义以及管理模型信息的工具,同时还将讲解一些"超级模型"的建立方式、方法等。

6.1 三维信息模型的定义

6.1.1 Modeling 模型的创建

在 Bentley BIM 系列软件的三维信息模型中,模型是信息的载体。模型可以分为非参数化模型和参数化模型两大类。在 OpenBuildings Designer 中,非参数化模型有 Cell 单元和 CompoundCell 复合单元两种。前者与 MicroStation 中 Cell 单元是一致的,文件格式为 cel;后者是 OpenBuildings Designer 中特有的单元形式,文件格式为 bxc。参数化模型包括调用 Parametric Frame Builder(PFB)工具建立的 bxf 文件和使用 Parametric Cell Studio(PCS)工具建立的 paz 文件。

Cell 单元的创建方法和 MicroStation 中建立单元的方法相同,如图 6.1-1 所示。存放路径可以是用户自定义位置,也可以是 Dataset_CN 数据集中的 Cell 文件夹。调用方法有两种:一是在【建筑设计】工作流下点击【建筑设计】功能区→【放置建筑元素】组→【构件】下拉按钮→【放置激活单元】;二是在【绘图】工作流下点击【内容】功能区→【单元】组→【放置激活单元】按钮。值得一提的,两种调用方式不局限于 cel 文件,同样支持例如 skp 和 rfa 等多种格式的文件,如图 6.1-2 所示。

图 6.1-1　放置单元

图 6.1-2　单元格式

第6章 信息管理

CompoundCell 复合单元是 OpenBuildings Designer 中独有的单元格式，使用时需分别定义三维模型、二维图例、开孔机和单元原点。可以在【建筑设计】工作流下点击【建筑设计】功能区→【放置建筑元素】组→【构件】下拉按钮→【管理复合单元】（图 6.1-3），打开【管理复合单元】对话框。bxc 格式的文件必须放在 Dataset_CN 数据集中的 Cell 文件夹中，否则系统搜索不到复合单元，无法调用。

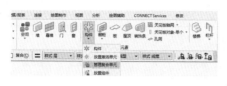
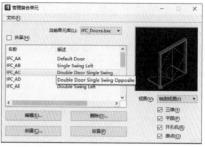

图 6.1-3　调用复合单元

6.1.2　信息的定义

OpenBuildings Designer 对于信息的表达是通过 DataGroup 和 Part 来设置的。因此，信息的定义即是 DataGroup 的定义和 Part 的定义。

DataGroup 定义主要是 CatalogType 和 CatalogItem 的定义，调用方式为【文件】按钮→【数据集工具】→【目录编辑器】。

从图 6.1-4 中编辑器左侧结构树可以看出，在 DataGroup 中，OpenBuildings Designer 内置了比较丰富的 CatalogType。以建筑设计中的窗类为例，在编辑器右侧的结构树中给出了该 CatalogType 的系统内部命名"Window"；在 DisplayName 中给出了相关描述"A_窗"，这也是使用软件布置窗时显示的名称；Path 给出了 Window Type 调用属性的索引路径，每个路径文件都是 xml 格式的；在 Properties 中列出了 Window Type 的所有属性信息，如 ArchWindow、ObjectIdentify 等（这些属性名称文件在 OpenBuildings Designer 构件数据结构中已经提到过，均为 xsd 文件）。在图 6.1-5 中，左侧结构树给出 Window Type 下的 Item，右侧结构树则列出了每个 xsd 文件下的所有具体内容，这也是对构件属性的细化描述。

图 6.1-4　构建类型展示　　　　　　　　图 6.1-5　构件属性展示

107

要对 xsd 文件进行定义，需要点击【文件】按钮→【数据集工具】→【定义编辑器】。如图6.1-6所示，左侧结构树中列出了系统内置的属性文件。打开前述提到的 ArchWindow 属性，下拉菜单里有 ParaDef、Dimensions、Frame 三个种类的系统内置文件，在右侧结构树中给出了这三类属性的 Displayname（释义）、Datatype（数据类型）等。属性释义即为在实际布置构件后，构件挂接的相关属性名称，数据类型代表相关属性是使用何种数据类型描述的，例如是 WorkingUnits（工作单位）还是 String（字符串）等。

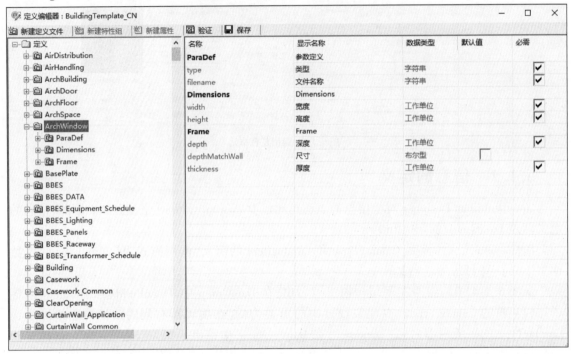

图 6.1-6　样式定义展示

要对 Part 构件样式进行定义，需要点击【文件】按钮→【数据集工具】→【类别/样式编辑器】。在上方菜单栏样式视图中默认显示的为基础属性定义，在界面左侧结构树中给出了 xml 文件（在 OpenBuildings Designer Update 3 版本中，系统内置的 xml 文件全部储存在 Dataset_CN 文件夹下的 Part 文件夹中），右侧结构树则列出了 Part 的具体样式，主要有图层、绘图线和材质渲染等样式的设置，如图 6.1-7 所示。另外，在样式视图下拉菜单下，同样可以进行 Drawing Symbol 切图样式（主要用于在三维设计后进行切图，完成二维平面表达）和 Component 工程量统计计算等方面的设置。

建立好的 DataGroup 属性和 Part 属性主要有以下两种挂接方式：

一是手动挂接。DataGroup 挂接方式为点击【建筑设计】工作流下的【数据/报表】功能区→【数据】组→【连接】，Part 挂接方式为点击【建筑设计】工作流下的【数据/报表】功能区→【数据】组→【应用样式】，如图 6.1-8 所示。

二是系统自动挂接。对于系统库中的属性以及用户自定义的属性，按照上述方式进行规范化的层级设置后，调用构件后系统将自动调出属性。建议在项目级应用时，尽量使用这种方式，可以更好地保证项目实施过程中构件属性配置统一，有效提升设计效率。

第 6 章　信 息 管 理

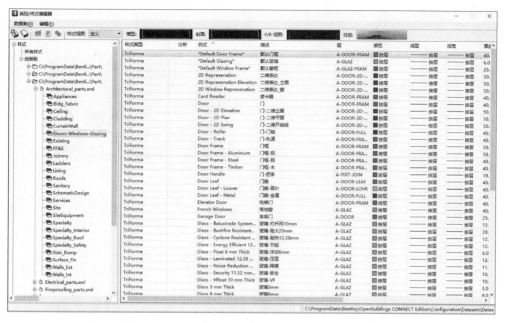

图 6.1-7　显示样式展示

图 6.1-8　属性挂接

6.2　超 级 建 模

在绘图合成中,可以使用动态视图功能创建图纸合成。在以前版本中,可以在三维模型的所有平面中查看模型,但是,无法查看尺寸标注、注释和图纸模型上放置的其他细节。要查看这些细节,需要手动导航到图纸模型。此外,也不能在三维设计模型中放置索引符号。

但现在,不仅可以在三维设计模型中放置索引符号,而且还可以在三维设计模型中查看相应位置处自动显示的图纸图形。OpenBuildings Designer 的这项功能也被称为"超级模型"。

为了进一步说明模型的详细信息,可以向模型中的对象添加附加信息,从【组图】任务中选择【URL 链接】,如图 6.2-1 所示。链接可以指向文件、输入命令或 URL。

图 6.2-1　添加元素链接

可以旋转视图以查看截面在三维视图中的显示方式,进而获取截面在三维模型上下文中的更多相关信息,如图 6.2-2 所示。

此外,还可以直接导航至放置该建筑视图的绘图或图纸,方法是将光标悬停在绘图标题上,然后使用迷你工具栏,如图 6.2-3 所示。

109

OpenBuildings Designer CONNECT Edition 应用教程

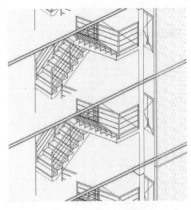

图 6.2-2　查看模型信息

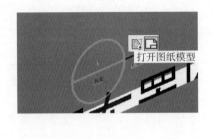

图 6.2-3　迷你工具栏

6.3　数 据 报 表

可在【建筑设计】工作流下点击【数据/报表】功能区→【报表】组→【数据报表】命令,查看放置于模型中的所有对象的数据组属性。【数据报表】工具用于管理数据组目录类型、项、实例、特性、值和定义,查询现有目录项数据,根据现有数据组目录类型创建新的【数据组】报告(例如,门、窗、柜、空间、完成计划),针对现有报告内的新数据组目录定义、目录项和目录实例管理相关报告,如图 6.3-1 所示。

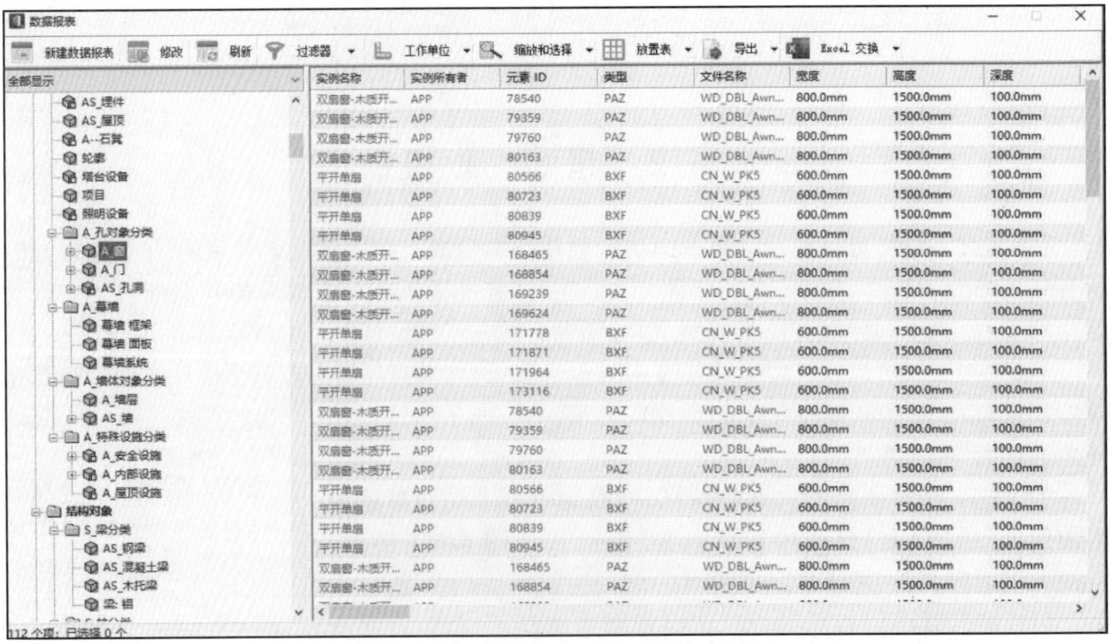

图 6.3-1　【数据报表】工具

还可以在【数据报表】工具框中编辑数据。例如,可以向门添加门标识号,具体操作方法为:在目录编辑器中选择项,然后单击右键并选择【编辑值】,如图 6.3-2 所示。

注意:【编辑值】仅在选定对象位于激活文件中时可用。参考元素不能以这种方式进行编辑。

在选择编辑某项时,可以修改该对象的任何数据组值,这一点与使用【修改】工具进行编辑时相同。还可以同时从数据组浏览器中选择多个项目并向它们添加数据。例如向建筑中某一楼层的全部门添加典型的门框饰面材料时,这一操作十分有用。

图 6.3-2 编辑

可以将计划快速导出为电子表格以便进一步格式化,或者将计划连接到图纸中。在【数据报表】功能区找到【报表】组,然后选择【数据报表】打开【数据报表】对话框,然后点击【导出】,如图 6.3-3 所示。

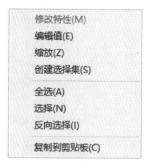

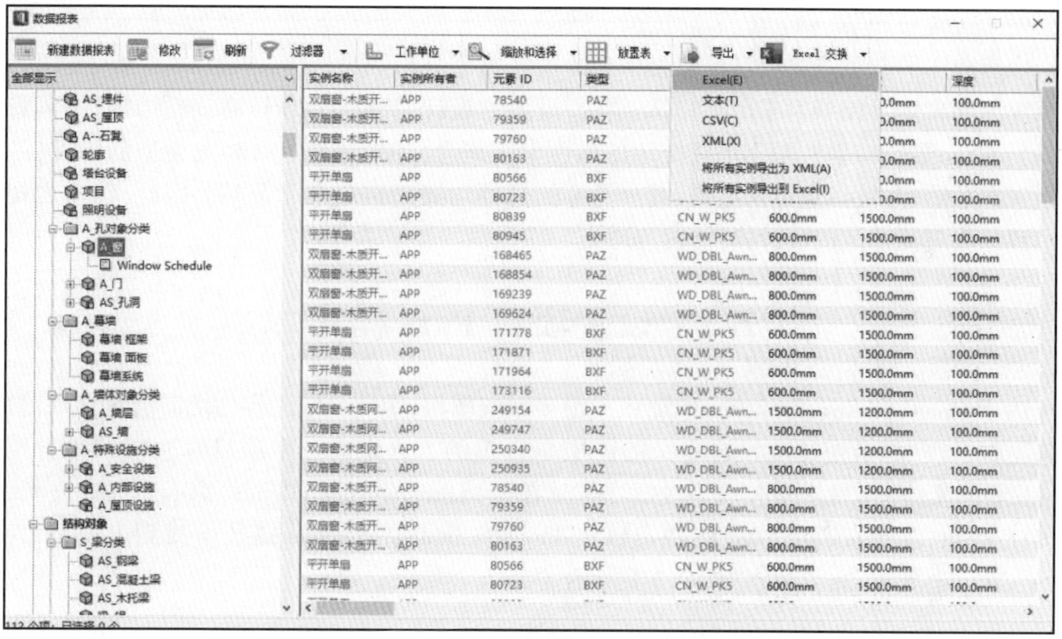

图 6.3-3 导出数据

该操作会以选定格式导出数据并打开相应的应用程序,如图 6.3-4 所示。

1	实例名称	实例所有者	元素 ID	类型	文件名称	宽度	高度	深度	尺寸	厚度	标记	构件ID	名称	描述
2	双扇窗-木	APP	78540	PAZ	WD_DBL_A	800.0mm	1500.0mm	100.0mm	FALSE	40.0mm	SSC-A05			双扇窗
3	双扇窗-木	APP	79359	PAZ	WD_DBL_A	800.0mm	1500.0mm	100.0mm	FALSE	40.0mm	SSC-A05			双扇窗
4	双扇窗-木	APP	79760	PAZ	WD_DBL_A	800.0mm	1500.0mm	100.0mm	FALSE	40.0mm	SSC-A05			双扇窗
5	双扇窗-木	APP	80163	PAZ	WD_DBL_A	800.0mm	1500.0mm	100.0mm	FALSE	40.0mm	SSC-A05			双扇窗
6	平开单扇	APP	80566	BXF	CN_W_PK5	600.0mm	1500.0mm	100.0mm	FALSE	40.0mm				
7	平开单扇	APP	80723	BXF	CN_W_PK5	600.0mm	1500.0mm	100.0mm	FALSE	40.0mm				
8	平开单扇	APP	80839	BXF	CN_W_PK5	600.0mm	1500.0mm	100.0mm	FALSE	40.0mm				
9	平开单扇	APP	80945	BXF	CN_W_PK5	600.0mm	1500.0mm	100.0mm	FALSE	40.0mm				
10	双扇窗-木	APP	168465	PAZ	WD_DBL_A	800.0mm	1500.0mm	100.0mm	FALSE	40.0mm	SSC-A05			双扇窗
11	双扇窗-木	APP	168854	PAZ	WD_DBL_A	800.0mm	1500.0mm	100.0mm	FALSE	40.0mm	SSC-A05			双扇窗
12	双扇窗-木	APP	169239	PAZ	WD_DBL_A	800.0mm	1500.0mm	100.0mm	FALSE	40.0mm	SSC-A05			双扇窗
13	双扇窗-木	APP	169624	PAZ	WD_DBL_A	800.0mm	1500.0mm	100.0mm	FALSE	40.0mm	SSC-A05			双扇窗
14	平开单扇	APP	171778	BXF	CN W PK5	600.0mm	1500.0mm	100.0mm	FALSE	40.0mm				

图 6.3-4 数据显示样式

第7章 自定义构件库流程

在实际的项目级应用中，OpenBuildings Designer 系统默认库中的构件往往不能满足一些特殊要求，因此，需要设计人员结合项目特点来定制项目特有的构件库。这样的构件库既有项目需要的相关模型构件，也能够挂接实际需要的属性信息，实现真正意义上的三维信息模型设计。

7.1 自定义构件库内容分类

项目建库的起点是对项目可能会用到的构件类型分门别类。OpenBuildings Designer 库分为系统库和自定义库。对于传统建筑、结构、设备的设计元素（例如门、窗、墙、结构柱、风管等构件），属于系统库范畴，根据前述介绍的属性索引概念，如果项目上有相关类型的构件，则应当放置在系统库中，以免系统报错；其余类型的构件均属于自定义库范畴。因此，建库之初应当细致地对可能涉及的设计构件进行分类。

7.2 设置项目 Part 样式

由于 OpenBuildings Designer 中加载了很多系统图层，为使自定义构件的图层更加规范化、条理更加清晰，尽量使用项目自定义的图层是合理的。自定义一个项目时通常设置自用的 dgnlib 图层库，并放置在对应文件夹下，同时在 C：\ProgramData\Bentley\OpenBuildingsCONNECTEdition\Configuration\WorkSpaces\Building_Examples\worksets 路径下找到 BuildingTemplate_CN.cfg，配置 cfg 文件，如图 7.2-1 所示。

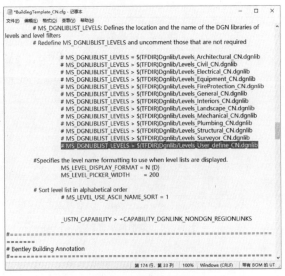

图 7.2-1　配置 cfg 文件

在【类别/样式编辑器】中,鼠标右键单击,新建自定义的 xml 文件,并自定义名称,在【类别/样式工具栏】调取刚刚配置的 User_define 自定义图层库,设置好 Part 后,保存到指定文件夹中,如图 7.2-2 所示。

图 7.2-2　自定义库文件

7.3　创建自定义构件

依据前述的构件建模方法,按照项目构件实际情况创建自定义模型,并存储在对应的文件夹中。另外,OpenBuildings Designer 也可以读取 rfa 文件,如果有利用 Revit 已经设置好的族库,那么 OpenBuildings Designer 能够自动读取。

7.4　创建自定义对象类型、对象型号和 xsd 属性文件

在模型建立完毕后,需要添加对象类型和对象型号,以便在软件中根据不同的构件类进行调用。创建自定义构件库时的首要任务就是将构件进行分类,同时对每类构件赋予特定的属性,完成系统的自动调出。

建议先定义 xsd 属性文件,也就是新建一个定义文件,即找到【定义编辑器】新建一个定义文件,【目标】选择【单位】,输入【文件名】和【显示名称】,如图 7.4-1 所示。在自定义的 xsd 属性文件中新建属性分项。如果是调用系统内置的属性,则无法自定义显示名称。因此需要根据项目的实际设计需求综合设置特性,设置好以后保存,等待调取,如图 7.4-2 所示。

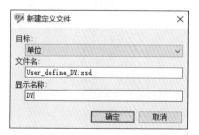

图 7.4-1　定义 xsd 文件

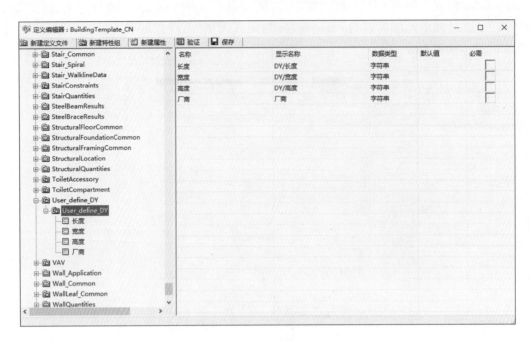

图 7.4-2 设置特性

对于属于系统库范畴的构件，为保障系统内置文件能够顺利调用，无须定义新的对象类型，只需在相应对象类型下新建对象型号；对于属于自定义库范畴的构件，需要根据项目情况，建立新的对象类型和对应的对象型号，如图 7.4-3 所示。

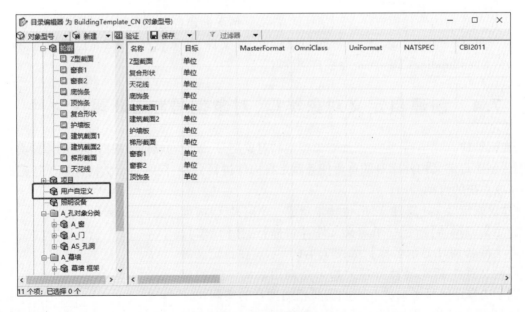

图 7.4-3 对象类型和对象型号

新建 CatalogType 的方法是：在【目录编辑器】下点击右键，选择【新建对象类型】，将弹出

【对象类型定义】对话框,输入自定义的名称,【目标】一般选择【单位】。对于【文件名】,可选取系统自带的_Dataset_catalogtpeexts.xml,这样可以使自定义构件与系统库建立识别索引,自动带出属性。如果想独立创建一个全新的 xml 文件作为文件名,可以点击【文件名】后的【新建文件】按钮进行创建。由于我们是自定义创建的文件,所以在【工具模板】栏选择【Place User Defined】,同时可以添加之前创建的"User_define_DY",如图 7.4-4 所示。

图 7.4-4　【对象类型定义】对话框

新建对象型号时,在选择【文件名】栏,如果是系统内部已有的 xml 文件,会自动读取系统内部单位,如图 7.4-5 所示;如果是自定义的,就需要手动设置单位,如图 7.4-6 所示。

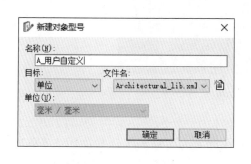

图 7.4-5　自动读取 xml 文件

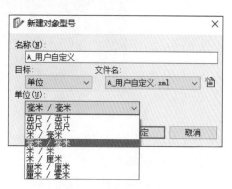

图 7.4-6　手动设置单位

xml 文件存放位置不同,系统调用时的索引不同,只要创建构件及其属性的流程是规范的,就可以完成调用。但是为了规范自定义库,同时保证系统库的稳定性,建议使用单独的存放位置。

在【A_用户自定义】对象型号下,须给定其数据类型。可以指定的数据类型包括 PAZ、BXC、CEL 等,如图 7.4-7 所示。这里以 CEL 为例,先关闭【目录编辑器】,回到【建模】工作流下,创建任意实体,如图 7.4-8 所示。

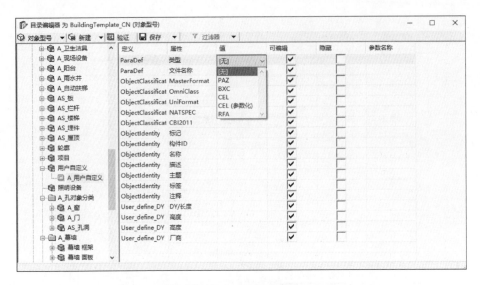

图 7.4-7 对象类型选择

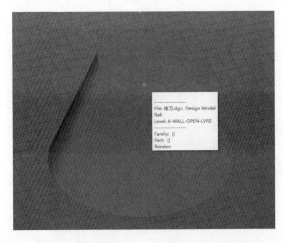

图 7.4-8 实体模型

然后点击【内容】功能区,将当前创建的实体添加为一个新的单元类型,打开单元库,新建一个单元库(也可以在原有单元库下创建,新建单元库只为更好地区分),如图 7.4-9 所示。单元库存放位置在 C:\ProgramData\Bentley\OpenBuildings CONNECT Edition\Configuration\Datasets\Dataset_CN\Cell,如图 7.4-10 所示。

第 7 章　自定义构件库流程

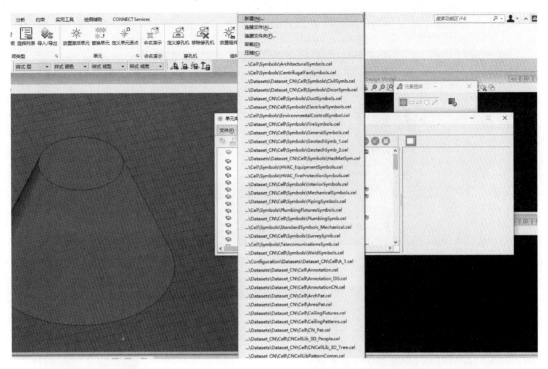

图 7.4-9　新建单元库

图 7.4-10　新建自定义单元库

接下来创建单元原点。首先选中要被定义单元的模型,然后点击【定义单元原点】。原点应定义在中心处或特殊点处,此时便将之前创建的模型以单元的形式存储于单元库中,如图 7.4-11 所示。

117

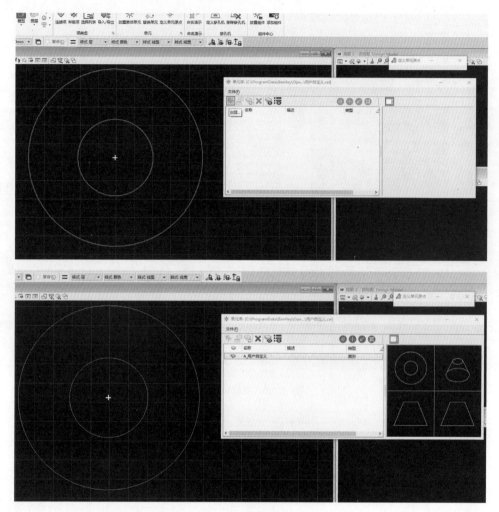

图 7.4-11　创建单元

回到【目录编辑器】，找到之前创建的【A_用户自定义】对象型号，【类型】选择【CEL】，在【单元库】对话框选择已创建的【A_用户自定义】单元，如图 7.4-12 所示。最后点击【保存】按钮完成自定义构件的创建流程。

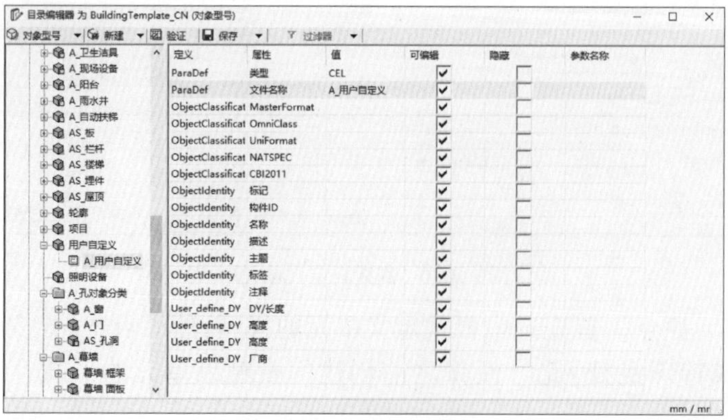

图 7.4-12　目录编辑器

7.5 调用自定义构件

建库完成后,自定义库构件通过构件功能调用,系统库构件则通过系统相关的布置命令调用。点击【建筑类别】工作流→【建筑设计】功能区→【放置建筑元素】组→【构件】,选择之前创建【A_用户自定义】构件,便可以调用自定义构件,如图 7.5-1 所示。

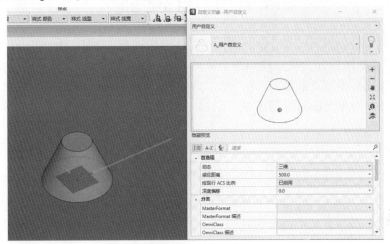

图 7.5-1　调用自定义构件

还可以更改构件显示样式、创建新的自定义类别样式,这在之前的章节已经详细讲解,这里不再赘述。至此,本书完成了对创建自定义构件的介绍,读者可自行进行操作练习。

第8章 案例分享

8.1 项目介绍

黑龙建省建设科创投资集团(以下简称"集团")BIM 中心利用 OpenBuildings Designer 自建构件库,完成了集团新办公楼室内布置方案的优化设计和自有办公资产的信息化建档。

该项目为集团异地搬迁新址,坐落于哈尔滨市科技创新城内,区位因素显著。项目建筑面积 5000m² 左右,单体五层钢筋混凝土框架结构,楼内房间按设计功能划分有办公室、会议室、培训室、展厅和休息室等。

8.2 项目目标

项目诉求为:集团搬迁后,按照总体控制、预先规划、旧物利用的原则,将现有办公资产通过三维设计方式在新办公楼中进行表达,从而预先规划各房间的功能定位。

8.3 项目实施

8.3.1 放置自定义家具

利用 OpenBuildings Designer 自建构件库中的家具构件进行办公楼室内布置,如图 8.3-1 所示。家具布置效果图如图 8.3-2 所示。

图 8.3-1 放置自定义家具

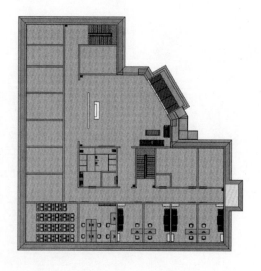

图 8.3-2 家具布置图

8.3.2 放置自定义门窗

利用 OpenBuildings Designer 自建构件库中的门窗构件进行办公楼室外布置,如图 8.3-3 所示。

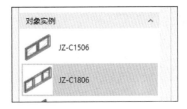
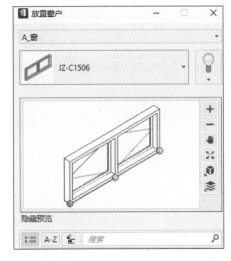

图 8.3-3 放置自定义门窗

门窗布置效果图如图 8.3-4 所示。

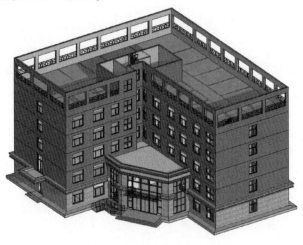

图 8.3-4 门窗效果图

8.4 项目总结

通过在 OpenBuildings Designer 中自定义项目级门窗库和办公设施库,利用自定义库的快速布置方案,有效地模拟了在不同设计施工方案下,室内的功能分区情况,并结合已有设计提前预判合理性,为决策者提供了高效准确的技术支持。对不符合要求的设施提前进行更换,对复合要求的设施予以保留,同时,对办公室采购部和相关布置公司进行了二维技术交底。根据测算,使用自定义构件库进行三维布置设计共节约成本20万元,提升设计、布置效率10%;此外,在自定义构件库的建立过程中,完成了集团内部设施资产属性的梳理和建档,形成了集团内部设施信息档案,对资产管理起到重大支撑作用。

以上案例项目文件可通过扫描下方二维码获得。